寶寶專用

天然手工皂 &
保養品大全

DIY
Natural soap for baby

0~7 歲嬰幼兒肌膚（含敏感型）的
全方位保養配方

安美賢 著

芳香療法是歐洲國家在千百年前就流傳至今的傳統治療法，至今也
得到相當多的科學證明其實際療效，甚至目前台灣也有部分醫院的安寧
病房，使用芳香療法減輕病患的痛苦。

在精油的世界中，通常對於孕婦及嬰幼兒的使用，都特別的謹慎小
心，甚至還曾聽說嬰幼兒都不能使用精油？事實上，嬰幼兒不是不能使
用精油，只是需要特別小心挑選適合嬰幼兒使用的精油品項，以及注意
使用的劑量，如此一來精油在寶寶身上也能發揮良好的療效，甚至安撫
情緒不安的狀況。

作者在本書中，不僅明確列出許多適合寶寶使用的精油，各種年齡
層適用的精油濃度，更藉由教導各種DIY自製作品，讓更多朋友們可以自
行製作優良的精油生活用品應用在清潔及日常保養上，我想這是眾多母
親或是家中有幼小孩童的朋友們之福音。

其實每個寶寶剛出生的時候，沒有接觸到任何的清潔用品，皮膚狀
況都是好的，會產生許多過敏甚至皮膚炎的狀況，都是在出生後開始接
觸化學的清潔用品或是塗抹許多保養用品，導致寶寶的肌膚無法適應，
也可能是對某些化學成品或香精成份產生排斥反應，因此出現各式各樣
的肌膚狀況；當寶寶皮膚紅紅癢癢或有其他狀況時，寶寶不會說話，所
以只能用哭來反映不舒服的感覺，這時候寶貝辛苦，父母親更是心急又
疲勞。而我們能做的，就是從每日的清潔開始做改變，給寶寶純天然的

　　自製手工皂，讓寶寶離開這些化學洗劑的環境，就會發現孩子的狀況漸漸的改善了，自然就覺得帶小孩真是件甜蜜又可愛的事情。

　　在使用精油的方式中，香氣經由鼻子吸聞，是相當重要的一個部分，所以將天然精油添加到清潔用品中，讓孩子在洗澡的時候，透過溫度促使精油揮發，不僅寶貝能夠聞到精油散發的香氣，大人也同時享受精油氣味帶來的舒適感受，對雙方的情緒舒緩，都有相當好的效果。例如：夜晚睡不安穩的小孩，洗澡的時候如果使用的是添加了薰衣草精油的手工皂，藉由精油的放鬆效果，能夠安撫孩子的情緒，讓寶貝晚上可以安穩的睡到天亮，睡眠充足的孩子，自然哭鬧的狀況也減少了，這不就是精油手工皂帶給我們除了溫和清潔外，更棒的附加價值嗎？

　　在本書中，作者教導大家製作許多精油自製作品，做法淺顯易懂，且在平日生活中實際又好用，希望能夠誘使更多人加入天然的行列，為了我們的下一代能夠有更美麗的生活環境，大家一起來動手做做看吧！

台灣手工皂協會專業講師　曾斯妍

　　因緣際會接到大樹林出版社的邀約，看到這本書的主題，便毫不猶豫的答應了。

　　我本身有兩個寶貝，他們都遺傳到了我的體質，也有異位性皮膚炎的問題，皮膚經常會紅腫發炎。後來經過多方打聽，我得知手工皂對皮膚的清潔保養有很不錯的幫助；所以，為了他們的健康，我開始走上鑽研手工皂的路，學習做對皮膚最好的高品質手工皂，希望孩子們能用到純天然的好皂，看到心愛的寶貝們皮膚狀況獲得改善，真的是做爸媽的最開心的事了！

　　相信全天下的家長都跟我一樣，想給孩子最好的。但你可能不知道，日常生活中市售的清潔沐浴用品大部分都含有乳化劑的成分，而根據實驗證明那會影響人體的健康，且可能提高罹患癌症的發生率；所以能親手製作手工皂，絕對是最安心的選擇。

　　在這邊順便教大家檢測你平常所使用的沐浴清潔用品是否含有乳化劑的方法，步驟很簡單，在家就可以自己試試看！首先將沐浴乳取適量於小碗中，然後加入適量的水，充分攪拌使沐浴乳溶於水中；如果是香皂或是手工皂，則建議使用溫水來加快它溶解的速度。然後用一般家中廚房都會有的沙拉油，滴幾滴在剛剛溶於水的清潔用品中，稍微攪拌即可。如果沙拉油在水中分解，那就代表該清潔用品有添加乳化劑，若沙拉油是與水隔離不被溶解的，那就代表該清潔用品沒有添加乳化劑。

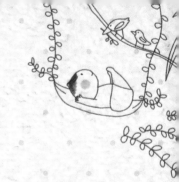

　　其實，要成功做出好的手工皂真的很不容易，除了原料的挑選方面，要注意不要使用參有化學成分的產品外，還有各原料的比例，也都會影響到手工皂的品質和功效；不同的膚質或是皮膚問題，所需要使用的精油成分也都不一樣，加上成皂需要時間養成，不想功虧一簣，每個步驟都要非常細心且有耐心才行。

　　沒有化學成分刺激的手工皂，天然、無負擔，能讓肌膚放輕鬆；添加精油的手工皂，依不同的精油有著不同的芳療效果，洗後淡淡的香氛還能舒緩壓力。我自己研發出的第一種手工皂是「黑糖羊奶皂」，沒有使用精油，而是利用黑糖的保濕、羊奶的滋潤和澳洲胡桃油的親膚性，好沖好洗不黏膩，特別適合小寶寶的肌膚，還可以讓皮膚問題獲得改善。還有，老人家的皮膚也是很敏感脆弱的，所以同樣需要用溫和無刺激性的手工皂來呵護。

　　我曾說：「對大家有幫助的好東西就要跟所有人分享，更要讓所有人喜歡。」而我現在也一直在努力實踐，看到親手做的手工皂，在他人身上發揮功效，且大受好評，自己也感到很開心；我的目標是要開發出100種純天然手工皂，並將好的手工皂推廣給大家，請跟我一起加入純天然手工皂的生活吧！希望你也會喜歡！

Eversun愛威森創辦人 莊博琮

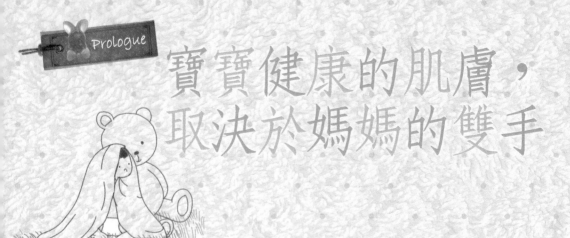

寶寶健康的肌膚，
取決於媽媽的雙手

在我的事業（ROYAL NATURE）開創初期時認識的顧客中，有一位女性最近當媽媽了。她立即著手製作要給自己使用的香皂和保養品，並且開始關心如何在日常生活中保護環境。在她當了媽媽之後，擔憂與日俱增；寶寶嚴重的胎熱症狀令她擔心不已，也開始懷疑寶寶是否患有異位性皮膚炎。

長輩們一直跟她說：「不用擔心，孩子長大後自然就會好了」，雖然這些話語稍微減輕一點擔憂，但是隨著時間過去，寶寶絲毫沒有好轉的跡象，讓她的煩惱是有增無減。媽媽的肌膚如孩子般嬌嫩，但她出生不到三個月的孩子，全身皮膚卻滿是白色角質、泛紅和角化現象，看著寶寶因皮膚發癢難耐，深深折磨著她的心。

聽完她的煩惱之後，我幫她的孩子調製最好的配方。可以在寶寶敏感肌膚上形成保護膜的清潔產品，還有能立即滋潤肌膚的保濕產品，以及所有能夠舒緩異位性皮膚炎及鎮靜搔癢的方法。此外，室內環境和洗

濯也都使用天然材料來守護寶寶健康。經過五個月之後,她的寶寶重新找回嬌嫩的肌膚,而她也沉迷於幫寶寶拍照的日子。

隨著環境污染日趨嚴重,除了成人之外,免疫力弱的寶寶也飽受痛苦。不但戶外有空氣污染,就連在室內,我們也無法保護寶寶。建築材料中的化學物質,經過二重、三重藥品處理過的家具,甚至於嬰兒用品都含有相當分量的環境荷爾蒙(內分泌干擾素)。在這樣的環境下,如果想讓寶寶健康茁壯,媽媽們勢必得付出更多心力。

所幸,現在已有許多媽媽了解到這個問題的嚴重性,她們費盡心思清潔,幫寶寶打造天然無害的環境;可是要知道寶寶的肌膚性質與成人不同,如果天然材料使用錯誤,反而會傷害寶寶肌膚的健康。製作天然香皂或保養品的時候,如果只是盲目地按照公式,反而會使寶寶的肌膚狀態惡化,手工香皂若沒有全部使用天然材料,或是按照成長階段及肌膚狀態來調配的話,寶寶也無法適應手工香皂。市面上販售的天然香皂

或保養品中，許多都含有化學成分，平時使用的精油產品若沒有按照寶寶的年齡使用的話，反而會刺激肌膚。

此外，不是天然材料就是對寶寶有益的。即使是一滴精油，也只有某些有機油和真正從野生植物萃取而成的精油才適合寶寶使用。除此之外，如果沒有確實遵守寶寶年齡使用量的話，就無法達到天然呵護的功效。這就是我們需要適合寶寶的天然呵護配方的主原因。

天然呵護的領域不單單只有香皂及保養品，就算使用再好的香皂、再好的保濕產品，只要寶寶生活在受污染的環境中，就無法維持肌膚健康。因此，本書除了手工皂外，更提供清潔產品及保濕產品的製作配方，讓我們使用天然材料改善生活環境。這本書可說是匯集了經過ROYAL NATURE研究、開發，並在臨床上驗證過的主要嬰兒產品。

所有媽媽都希望寶寶能夠健康且漂亮地成長。就算有點麻煩，就算有點辛苦，只要能夠提高寶寶的免疫力，讓寶寶肌膚具有防禦力，媽媽們都該使用純天然材料親手製作香皂、保濕產品和清潔產品等等。只要付出一點心力，就能預防寶寶產生過敏，培養出一身健康美麗的肌膚。所以，我很開心地在此向各位媽媽公開我長時間研究出來的秘方。

安美賢

Contents

PART 01

製作天然嬰幼兒香皂的
基本課程

PART
02

健康肌膚寶寶的
基本呵護

PART 03

異位性皮膚炎寶寶的
特別照顧

chapter 3

讓寶寶遠離異位性皮膚炎的清潔產品

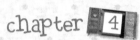

chapter 4

守護寶寶免疫力的空氣清淨劑

附錄

01

製作天然嬰幼兒香皂的
基本課程

給嬰幼兒的天然呵護，
材料是核心

嬰幼兒需要天然呵護的理由

30年前的環境污染並不像現在這麼嚴重，那時正值成長期，如今已身為人母的人們，皮膚已具備足夠的抵抗力和免疫力。對於從小就強化肌膚免疫力的人來說，長大成人之後即使曝露在環境荷爾蒙或各種有害環境之下，肌膚也不會產生特別的問題。

但是如果從小接觸有害建材、環境荷爾蒙，以及含有化學物質的家具等物品，就會引發過敏症狀或是皮膚問題。此時產生的問題容易演變為過敏，影響嬰幼兒一生的健康。

想要維持寶寶們的健康肌膚，最重要步驟的就是清潔。嬰幼兒脆弱的肌膚會因為清潔產生許多問題，一般家庭最常犯的錯誤，就是認為必須清洗乾淨，於是使用許多肥皂泡泡搓洗孩子的肌膚；即使是用天然

素材製成的清潔產品，若與寶寶的肌膚不合，都可能會損傷肌膚的保護膜，使肌膚變得乾燥。而添有化學藥劑的清潔用品就更不用說了，化學肥皂會破壞肌膚平衡，如同直接把毒藥塗在寶寶身上一樣。

保濕產品也是如此，如果寶寶患有異位性皮膚炎，相信父母絕不會吝惜使用高價保濕產品。然而高價保濕產品並不能保障肌膚健康，這類大量生產且可長期保存的保濕產品，都無法避免地添加許多化學藥劑，而且也無法照顧到每個嬰幼兒的成長及肌膚特性。我們必須依照年齡、肌膚特性，以及是否有過敏體質作為挑選產品的依據。因此，我們需要一個絕對適合嬰幼兒肌膚的天然配方。

如果不改變寶寶的生活環境，就無法改善他們的肌膚健康。特別是有異位性皮膚炎的寶寶，就算吃了很好的藥，擦了高級藥品，只要還是生活在充滿有害物質的環境中，就無法奢望痊癒。如果你的寶寶有異位性皮膚炎的問題，請盡快改善他的生活環境。我們都在都市中工作，無法搬到大自然環境生活。因此就要從清潔室內環境著手，使用天然清潔劑清洗寶寶的尿布、衣物、玩具以及擦拭家具，並使用媽媽親手製作的天然皂、保濕產品和清潔用品，來改善寶寶的肌膚。

錯誤的天然呵護，反而變成毒害

你必須擺脫天然素材的香皂或保養品就很溫和的既有觀念，如果你使用

的香皂是以化學成分為基底，就算添加再好的精油，也不算是天然香皂。如果以天然呵護的角度來看，那更是沾不上邊！

此外，並非天然素材就對嬰幼兒有益。以精油為例，嬰幼兒能使用的精油只有野生精油和有機精油。而且根據嬰幼兒的年齡，用量也有所差異，最好比一般建議用量再少幾滴。

基底油也是如此，大部分的基底油都像橄欖油一樣，是低溫壓榨而成的植物性基底油，雖然它有很好的營養成分，但是嬰幼兒使用的基底油必須依照年齡、是否患有過敏性皮膚炎，來選擇合適的基底油。而且不須言贅，一定要選用有機基底油。

市面上強調由椰子油製成的植物性肥皂，其實大部分都是用椰子肥皂粉製成，並不含椰子的保濕成分。再加上椰子油雖然是天然植物性原料，但是絕對不能讓12個月以下的嬰兒使用；12個月以上的嬰幼兒也只能少量使用；如果是敏感性肌膚或有肌膚問題的成年人，也要盡量避免使用椰子油，若是不得已一定要使用的話，用量要控制在20%以下。

除了椰子油以外，許多天然成分都有各自的毒性。舉例來說，甜杏仁油性質溫和，是初生嬰兒也可使用的保濕產品；但是苦杏仁油毒性強，連成人都不能使用。當我們在製作嬰幼兒專用產品的時候，務必使用嬰幼兒專用的有機產品。

左右肥皂洗淨力的界面活性劑也是一大問題，現今有許多天然肥皂的製造廠商都是使用化學界面活性劑，然後再添加溫和的香味，就使之

成為嬰幼兒專用產品。其中許多產品甚至使用致癌物質SLS做為界面活性劑，如果你輕易相信這些只添加1%天然素材的化學肥皂的話，就不用期待天然呵護的效果了。

當我們製作手工皂時要特別注意一點，市面上流通的透明皂基大部分都含有三乙醇胺等介面活性成分，這種成分不但對成人有害，對小孩來說更是毒藥。

最好的原料在大自然之中

嬰幼兒使用的天然產品原料必須是有機的，而且是野生的。所謂天然，是沒有人為加工，生長在大自然的果實或植物。天然產品近年來備受矚目，開始被大量人工種植，並且為了增加收穫量而使用農藥或操控遺傳基因，這是不可爭的事實。所以我們曾相信的天然，已不再是「天然」了！

其中最具代表性的國家就是中國，最近聽說有些國家大量進口中國產的天然素材，但是中國的土壤及河川已被農藥污染，所以在河川及土壤上生長的植物也有被污染疑慮，在這樣的情況下，也無法期待中國產的天然素材是健康的原料。

我們不能光打著使用天然素材的口號，實際上卻是用農藥或在有害環境生長的原料，而是要仔細選擇由無農藥污染的有機作物萃取而成的植物原料。

最近不經人工、在大自然摘取的野生天然素材漸漸受人關注，無論使用什麼設備或藥品，都無法生產出比天然野生更健康的材料。植物在生長過程必須沒有任何人工介入，才能保有天然的生命力。

　　珍貴野生材料的取得需要花費許多金錢，因為必須直接深入森林和原野，來到植物群聚生長的地方，用手一片片摘取。但是我們必須給寶寶最好的，在他們的免疫系統發展完善之前，最好使用可以保護寶寶脆弱肌膚的產品。

　　因此，媽媽們必須斤斤計較，因為是要給自己的寶寶使用，且用於寶寶的生活環境，所以必須比平常更加慎重。再加上天然素材製成的產品使用過後可以完全分解，不會汙染環境。

　　從另一個層面來看，天然肥皂及清潔劑不會汙染土壤和水質，可以保護寶寶未來的生活環境。現代人為了追求生活便利，隨意踐踏大自然，導致野生植物瀕臨絕種，有機作物也更難取得。

　　只要忍受一點辛苦與不便，就可以守護寶寶的健康，同時也守護地球的健康。唯有守護大自然才能保護珍貴的野生材料，人類與大自然也才能繼續共存。

如何幫寶寶尋找最佳的天然材料

最近5～6年來，人們開始重視天然皂和天然保養品。但是我們在生活中仍然不懂得使用天然素材來保護小孩。歐美先進國家的媽媽們平時會用草本植物或精油照顧全家人的健康，草本植物是我們每天都會使用到的天然素材，除了可用於茶飲及食物，還會用於皮膚相關產品及芳香劑。

　　如果想要充分使用天然素材的功效，就必須先了解哪些材料適合嬰幼兒使用。選擇嬰幼兒需要且絕對適合嬰幼兒的材料，你將會發現它驚人的效果。

　　以成人為例，塗在皮膚上感到最舒服的材料就是最好的材料。而精油方面，則是令你覺得香味最濃的精油，就是你的身體需要的成分。所以選擇精油的時候，可以擺放幾款不同的精油試用品，然後先選擇最刺激鼻子的精油，接下來選擇你覺得最好的精油即可。

　　然而孩子不會說話，無法正確地表達自己的感受，因此增加選擇材料的難度。當我們製作嬰幼兒專用產品時，要先依照孩子年齡選擇合適的精油。根據年齡來決定材料的機能與用量，產品製作好之後，用此產品幫孩子按摩，再依照孩子的反應是否良好來當作選擇依據。

　　舉例來說，如果我們要製作7個月大的寶寶使用的嬰兒油，可以先試做兩三種最受歡迎的樣品。我們可以將100ml的甜杏仁油與一滴薰衣草精

油混合，100ml的橄欖油與一滴薰衣草精油混合，或是將荷荷巴油與一滴德國洋甘菊精油相混合；接著給寶寶試用，看寶寶對哪一款嬰兒油的反應最好，從而尋找寶寶的專屬特別材料。

1～6個月的寶寶成長速度非常快，隨著寶寶的成長，可以使用的天然素材及容量也跟著快速變化。0～2個月時是最敏感的時期，這時只能使用天然純原料，基底油則是使用有機甜杏仁油。

甜杏仁油保濕力佳，敏感性肌膚也可安心使用。甜杏仁油的用途廣，可以用來擦在尿布疹患處，洗澡時能加入水中，平時也可以當作保濕產品使用。

媽媽也可以用甜杏仁油幫寶寶按摩，寶寶將會展現開心的笑容。此時可使用的精油以薰衣草、羅馬洋甘菊、德國洋甘菊、橘子等精油最具

tip 如何在嬰兒產品中添加香味

● 合成香料為了保持香氣，都會添加PG成分。然而，此成分非常危險。它不但可能會造成寶寶心臟出問題，如果不小心被寶寶吃下肚的話，還可能會引發高血壓等成人疾病。

嬰兒產品添加香料時，一定要使用天然植物萃取而成的精油，並且嚴格遵守寶寶年齡所能使用的精油種類及分量。

精油的有效期限約為2年，但是揮發性強的柑橘系列精油大約6個月左右，其成分及功能就會消失。這些已過有效期限的精油可以放在嬰兒房或浴室當作薰香劑使用，也可以做成乾燥花或室內芳香劑使用。

代表性，每個寶寶喜歡的精油各有不同。若寶寶出生未滿2個月，100ml
的基底油加入一滴精油是寶寶最喜歡的比例。

　　雙胞胎喜歡的精油也不一定一致，經常出現哥哥喜歡薰衣草精油，
可是弟弟喜歡德國洋甘菊精油的情況。所以我們要嘗試各種精油，再從
中挑選出最適合寶寶的材料。

可以活用的天然原料

基底油

它是經由壓榨方式取出植物油溶性成分的植物油。植物油無揮發性，
經常用來稀釋精油，因此被稱為媒介油（Carrier Oil）或是基底油（Base
Oil）。它的缺點是容易變酸，保存期限在1年以內。

黃金荷荷巴油 (Golden Jojoba Oil)　黃金荷荷巴油的性質與人的皮脂與脂肪酸相近，具有
絕佳的保濕性及抗菌效果，可用於春青痘問題肌膚及寶寶的肌膚。黃金荷荷巴油不易腐敗，可
長期保存，且滲透性佳，可融和各種老廢物質，滋潤肌膚。另外可作為抗生素油，舒緩皮膚炎
及白癬病，並穩定皮膚油脂，幫助縮小毛孔。其含有豐富的維他命E，可以防止掉毛。

綠茶籽油 (Green Tea Seed Oil)　綠茶籽油含有豐富的不飽合脂肪酸，其中的亞麻酸、
維他命A、B和單寧酸（Tannin）成分可幫助皮膚黏膜細胞維持在健康狀態。其中的兒茶素
（Catechin）成分具有調節皮脂及殺菌功效。

✿ 印度楝樹油 (Neem Oil)　原產地印度，由楝樹種子壓榨而成的油。味道近似大蒜或硫磺，內含維他命E和必需氨基酸。其中生育酚（Tocopherol）和印楝素（Azadirachtin）等物質有強力抗菌力，可以預防發霉或細菌，一般作為皮膚軟膏使用。另外也具有解熱、退燒的效果。

✿ 月見草油 (Evening Primrose Oil)　當中含有大量的γ-次亞麻油酸和必需脂肪酸，可以緩和皮膚刺激，維持皮膚表層保護膜的健康。主要用於乾燥肌膚、抑制發癢、濕疹、乾癬、異位性皮膚炎等等。高保溼性、高彈性的性質可消除臉上斑點、抑制搔癢，還可以減少乾燥肌膚造成的皺紋。

✿ 大麻籽油 (Hempseed Oil)　大麻樹經過低溫壓榨萃取而成的油，含有維他命A、D、E、礦物質、Omega-3和Omega-6。比其他植物油含有更豐富的必需脂肪酸，Omega-3和Omega-6的比例維持在完美的3：1。其黏度低，功用與橄欖油相近，對濕疹、異位性皮膚炎和疤痕均有效果。可以快速抑制皮膚問題，並預防皮膚問題復發。

✿ 澳洲胡桃油 (Macadamia Nut Oil)　成分與荷荷巴油相似，並且與肌膚的成分相近，可快速被肌膚吸收。營養豐富，適合用於各種肌膚類型，可防止皮膚水分流失與氧化，特別適合慢性乾性肌膚。

白芒花籽油（Meadowfoam Seed Oil）由白芒花籽壓榨萃取而成，含有天然生育酚（維他命E），可抗氧化。並具有優秀的柔軟肌膚功效，自然地滋潤及保濕，在肌膚上形成保護膜。

杏核油（Apricot Kernel Oil）含有維他命E，使用於老化肌膚、敏感性肌膚和乾性肌膚。黏性低，使用清爽。其中的纖維質可以供給皮膚深層養分，適合作為臉部專用產品。內含豐富的維他命A和必需脂肪酸，幫助調理肌膚。

芝麻油（Sesame oil）印度的阿育吠陀經（Ayurveda）中，芝麻油為清洗毒素的清潔用油。維他命E、鈣、鎂、植物性蛋白質、卵磷脂含量高，可用於保濕、防止老化、溼疹、傷口、治療發炎和白癬病。其滲透性佳，適合各種肌膚類型。含有大量的礦物質、油酸和亞麻油酸（Oleic and Linoleic Acids），對皮膚佳，可溫暖身體及隔離紫外線。

聖約翰草油（St. John's Wort Oil）傑出的抑制發炎和抗菌功效，可柔潤肌膚。具有鎮靜效果，當肌膚過度日曬或是受到環境刺激的時候使用。具有鎮靜、收斂、抑制發炎、輕微舒緩疼痛、防腐和舒緩不安等作用，可用於神經痛、纖維組織炎、坐骨神經痛，對於更年期神經痛特別有療效。適合長期憂鬱患者、精神疲勞和處於恢復期的人。除此之外，可以提高睡眠品質、舒緩精神緊張、提高活動力，也可用於燒傷、瘀血和傷口等肌膚問題。

甜杏仁油（Sweet Almond Oil）易於被肌膚吸收，柔潤肌膚。特別適合敏感性肌膚、乾性肌膚和易發癢肌膚。含有豐富的油酸、甘油酯（Glycerides）和亞麻油酸。

酪梨油（Avocado oil）酪梨樹未精煉的油，呈現深綠色。內含維他命A、B₁、B₂、E、泛酸、卵磷脂等等。酪梨油又被稱為「森林的奶油」，自古以來就被廣泛使用。它可以鎮靜敏感性肌膚，舒緩乾性肌膚引發的鱗片症狀，適合乾燥多皺紋的問題肌膚。

特級初榨橄欖油（Olive Extra Virgin Oil）含有必需脂肪酸、維他命A、D、K、E、蛋白質和礦物質，可以鎮靜肌膚，減緩刺激，有效舒緩蚊蟲咬傷和發癢症狀。與單獨使用相比，與其他款清爽油混合一起使用效果較佳。可用於脫水肌膚、受刺激的肌膚、傷疤以及預防生長紋，並有些許遮光效果。

小麥胚芽油（Wheat Germ Oil）含有大量維他命E（190mg／100mg），能預防肌膚老化。用於治療皮膚乾癬、增加皮膚彈性、幫助細胞再生，改善老化、皺紋、傷疤和生長紋。可混合約10%分量至其他基底油中保存。對小麥類過敏的人，請小心注意使用。

金盏花浸泡油（Calendula Infused Oil）金盏花浸泡油是浸泡於葵花籽油或芝麻油中取得的油，含有維他命A、B、D、E。金盏花浸泡油可以治療皮膚傷口，除了一般皮膚傷口之外，也適合傷疤、燒傷、腫脹以及其他皮膚問題。金盏花浸泡油可以幫助細胞再生，也用於治療濕疹、斑疹、皮膚病等發炎症狀。主要用於淡化疤痕，也可舒緩搔癢症狀，滋潤乾性肌膚。

山茶花油（Camellia Oil）由山茶樹種子壓榨的油，油質不黏膩，富含油酸。可以鎮靜肌膚，適合老化及乾性肌膚。山茶花油大多用於皮膚及毛髮方面，它能舒緩肌膚過敏症狀，經常用來治療過敏性皮膚炎和異位性皮膚炎。山茶花油含有維他命A、B、E。

瓊崖海棠油（Tamanu oil）可以治療傷口，促進組織新生。抗菌效果佳，可幫助傷口癒合，對於各種肌膚問題、傷口及燒傷都有顯著效果。常用於黏膜與肌膚方面，可調理手腳肌膚龜裂、凍傷、蚊蟲咬傷、青春痘、溼疹、乾癬以及異位性皮膚炎等等。

葡萄籽油（Grape Seed Oil）葡萄籽油適合寶寶嬌嫩的肌膚，它的纖維質少、無色、無臭味，經常被使用於按摩產品中。富含不飽和脂肪酸，適合所有肌膚類型。

tip 嬰兒專用基底油

嬰兒也可使用的基底油
黃金荷荷巴油、橄欖油、甜杏仁油、杏核油、金盏花浸泡油、山茶花油、澳洲胡桃油、酪梨油、大麻籽油、月見草油、葡萄籽油、瓊崖海棠油、芝麻油。

適合異位性皮膚炎的基底油
山茶花油、橄欖油、月見草油、大麻籽油、瓊崖海棠油、琉璃苣油、猴麵包樹油、辣木油、亞麻籽油、甜杏仁油。

給寶寶的嬰兒專用油～
並非所有天然材料都可以使用，舉例來說，我們下廚時使用的天然葵花籽油就絕對不能使用在寶寶身上，食用等級的油品反而會引發寶寶過敏。但是精煉過的嬰兒用有機葵花籽油，就可以安心給寶寶使用。
寶寶一定只能使用嬰兒專用油。

植物性油脂

SHEA BUTTER
ALMOND BUTTER
APRICOT KERNEL BUTTER
HEMP BUTTER
COCOA BUTTER

✿ 澳洲胡桃脂（Macadamia Butter）含有豐富的必需脂肪酸，觸感十分柔軟，肌膚滲透力佳。

✿ 芒果脂（Mango Butter）稍微濃稠質感的芒果脂可以滋潤柔軟肌膚，隔離紫外線。主要使用於乾性肌膚與老化肌膚。

✿ 杏核脂（Apricot Kernel Butter）肌膚保濕力及滲透力佳，主要用於按摩油脂和肌膚管理產品。

✿ 乳油木果脂（Shea Butter）適合所有肌膚，沒有刺激性，不會引發過敏，對敏感性、乾性和異位性皮膚炎特別有效。它可刺激膠原蛋白增生，讓臉部及全身肌膚重拾活力，並能防止、淡化妊娠紋，對乾性肌膚及龜裂肌膚皆有療效。乳油木果脂可以保護肌膚，給予肌膚彈力，治療肌膚問題。

✿ 杏仁脂（Almond Butter）具有和乳油木果脂相似的功效，肌膚滲透力佳，保濕力高，幾乎不會引發肌膚問題。

✿ 蘆薈脂（Aloe Butter）蘆薈可以治療外傷、消炎、止痛，浸泡於椰子中，萃取出脂質部分。保濕效果極佳，可快速滲透肌膚，促進肌膚濕潤。另外還可以促進皮膚細胞再生，預防曬傷，或是日曬後的肌膚管理，幫助修復問題肌膚。

✿ 可可脂（Cocoa Butter）可可脂含有天然抗氧化成分和各種營養素，可防止妊娠紋產生，在肌膚表層形成保護膜，防止水分蒸發，保濕效果佳。

✿ 大麻脂（Hemp butter）性質與乳油木果脂相近，滲透性及延展性佳。非常適合作為按摩油脂或皮膚管理產品。具有保濕機能，很少引起肌膚問題。

天然蠟

把材料溶入有機溶劑中，混合之後再用酒精分離成固體及液體。天然蠟就是固體的部分，它具有些微乳化能力，製作乳液或乳霜時可以使用。

- 橙花蠟（Neroli Wax） 萃取橙花原精的過程中取得的物質，跟橙花精油一樣適合敏感性肌膚，也可使用於乾性或老化肌膚。可幫忙細胞再生，長時間滋潤肌膚。使用時的注意事項與橙花精油相同，具有乳化能力，製作乳霜、乳液、護唇膏或肥皂時，可以添加5%左右的分量。

- 玫瑰蠟（Rose Wax） 萃取玫瑰原精的過程中取得的物質，含有少量玫瑰原精的成分，可幫助受損肌膚再生，以及調理乾性肌膚。使用時的注意事項與玫瑰精油相同，具有乳化能力，製作乳霜、乳液、護唇膏或肥皂時，可以添加5%左右的分量。

- 未精製蜂蠟（Bees Wax Natural） 蜜蜂建造蜂巢時所分泌出的蜂蠟，含有天然保濕成分，可以提高肌膚的含水量。它與化學蠟不同，不會刺激肌膚，可以柔軟肌膚，幫助傷口癒合。主要在製作純乳霜或乳液時使用，它具有特殊的甜蜜蜂蜜香味，也經常被當作蜂蠟香料使用。

- 杏核蠟（Apricot Kernel Wax） 效果與杏核油相同，使用方法和蜂蠟相似。可使用於乳液、乳霜，但乳化能力稍弱。適合乾性及老化肌膚。

- 甜杏仁蠟（Sweet Almond Wax） 效果與甜杏仁油相同，使用方法和蜂蠟相似。可使用於乳液、乳霜，但乳化能力稍弱。可以鎮靜肌膚搔癢，適合異位性皮膚炎使用。

- 茉莉花蠟（Jasmine Wax） 萃取茉莉花原精的過程中取得的物質，含有少量茉莉花原精的成分，可以幫助調理敏感性肌膚或乾性肌膚，可以淡化生長紋。使用時的注意事項與茉莉花精油相同，具有乳化能力，製作乳霜、乳液、護唇膏或肥皂時，可以添加5%左右的分量。

乳化劑

扮演混合油與水的角色，黏度會隨著使用量而變化，用於調整乳液或乳霜的濃稠度。它和未精製蜂蠟以及卵磷脂可一起用於嬰兒肌膚，橄欖乳化蠟和荷荷巴酯製成的乳液或乳霜使用感優於蜂蠟，所以經常被使用。

- 鯨蠟硬脂醇和鯨蠟硬脂基葡糖苷（Montanov Wax 68）從椰子油中萃取出的物質，可以滋潤柔軟乾性肌膚。Montanov Wax 68比Montanov Wax 202更適合製作乳霜。

- 花生醇和山嵛醇和花生醇葡糖苷（Montanov Wax 202）從椰子油中萃取出的物質，乳化能力稍弱，質地清爽，適合用來製作乳液。適用於乾性肌膚和防曬產品。

- 乳化蠟（Emulsifying Wax）乳化劑，用來溶合植物提煉的油與水。可能會刺激肌膚，請小心使用。

- 橄欖乳化蠟（Olive Wax）將橄欖油脂肪酸酯化製成的乳化劑，刺激性小，可以安心讓寶寶使用。使用時的吸收力及延展性佳，保濕效果傑出。

- 荷荷巴酯70（Jojoba Ester 70）從荷荷巴樹中萃取而成，主要用於保養品。加在乳液中可以增添滑嫩感，內含荷荷巴油的成分，蠟感不濃厚，可作為乳霜或乳液的乳化劑，也可跟蜂蠟一樣使用於製作護唇膏。

OLIVE WAX

BEESWAX NATURAL

純露與花水

從植物整體萃取出的液體稱為純露（Hydrozole），只萃取花朵部分的液體稱為花水（Floral Water）。純露是蒸餾花草植物萃取精油時產生的副產品，它含有植物的水溶性物質和少許脂溶性精油成分，具有和精油相同的功效。單獨使用時，可以用來擦拭傷口、洗臉，或者當漱口水使用。除此之外，純露也經常被用為保養品、香皂或是芳香劑的材料，在日常生活中應用相當廣泛。

橙花純露（Neroli Hydrozole）經常被用為卸妝水或收斂水的材料，適合多面皰或是敏感性肌膚。寶寶也可以安心使用。

薰衣草純露（Lavender Hydrozole）適合任何膚質，具有鎮靜肌膚及治療的效果。適合使用在傷口或受損肌膚。

玫瑰純露（Rose Hydrozole）能增加並保持皮膚的水分，維持肌膚水平衡，適合任何膚質。玫瑰純露可以調節皮脂，並有抗菌效果，可以用於青春痘。最具代表性的用途是抗老、抗皺，也可以幫助防止曬傷（Sunburn）。玫瑰純露的效果與玫瑰精油相同，它的淡雅芳香可以緩和精神壓力。玫瑰純露可以單獨作為收斂水使用，製作乳液、乳霜、面膜時也可以添加使用。

香蜂草純露（Melissa Hydrozole）香味與檸檬相近，可以鎮靜敏感肌膚，具抗炎效果。

西洋蓍草純露（Yarrow Hydrozole）減少皮膚刺激，具抗炎效果。適合受損肌膚、青春痘和異位性皮膚炎。西洋蓍草純露可用來擦拭傷口、做成濕布，製作乳液、乳霜、面膜時也可以添加使用。

金縷梅純露（Witch Hazel Hydrozole）金縷梅純露是最佳抗老化效果的純露，可舒緩出疹、搔癢、浮腫，並有良好的抗炎效果及治療效果。

洋甘菊純露（Chamomile Hydrozole）這裡不分「羅馬」或「德國」的洋甘菊，洋甘菊純露適合任何膚質，新生兒也可安心使用。主要用於尿布疹和敏感性肌膚，洗澡時也可加在洗澡水中。洋甘菊純露具有抗炎效果，適合所有肌膚問題，可用於出疹、燙傷、搔癢、溼疹等等。

也可以用來擦拭寶寶肌膚。

茶樹純露（Tea Tree Hydrozole）卓越的防腐、抗菌和抗病毒的效果，適合濕疹、香港腳等各種肌膚問題，並能讓肌膚保持清爽。

草本

薰衣草（Lavender）可以安定身心，幫助恢復疲勞，清潔肌膚。

玫瑰（Rose）含有維他命C、A、B、E、K、P，菸鹼酸、有機酸、丹寧酸等等，主要用於鎮靜肌膚發炎或是敏感性肌膚發紅的症狀。玫瑰花還可以做成花茶及芳香劑，經常被活用在日常生活中。歐洲貴族在沐浴後，會使用玫瑰粉按摩身體，滋養肌膚。

馬鬱蘭（Marjoram）傑出的鎮靜作用，廣泛用於健康飲料。馬鬱蘭的香味有催眠效果，經常被添加在枕頭內，或是做成香包、保養液。

洋甘菊（Chamomile）香味與蘋果相近，適合乾性肌膚、敏感性肌膚、搔癢及青春痘肌膚。洋甘菊茶可以舒緩頭痛及疲勞。感冒的時候，混合洋甘菊和薄荷草本泡來喝，可以減輕感冒症狀。另外，當植物染上病蟲害的時候，在附近種植洋甘菊可以幫助植物恢復生機，因此洋甘菊又被稱為「植物醫生」。

百里香（Thyme）和薰衣草一樣可用於芳香劑或防蟲劑，百里香草本茶可以消除疲勞、減輕頭痛。百里香還可以強化腸胃功能，促進食慾。

其他材料

🐝 玉米澱粉（Corn Starch）可以去除肌膚多餘油脂，製作爽身粉及沐浴球時使用。爽身粉可以幫助異位性皮膚炎發疹處保持乾爽。

🐝 白泥（White Clay）敏感性肌膚也可以使用，寶寶的纖細肌膚也可使用。主要使用於敏感且乾性的肌膚。白泥可以吸收毒素，是製作面膜、香皂、沐浴球的材料。

🐝 綠泥（Green Clay）綠泥可以吸收老廢物質，清潔油性肌膚。主要用來調理油性肌膚、青春痘和毛孔。

🐝 粉紅泥（Pink Clay）使皮膚明亮健康，適合任何膚質。

🐝 小蘇打（Baking Soda）主要成分碳酸氫鈉（Sodium Bicarbonate）也是溫泉的成分，主要用來製作入浴劑沐浴球。洗臉時，添加少量小蘇打至水裡，可以有效去除黑頭粉刺。小蘇打可以調合酸鹼度（pH），家庭中主要用於清掃、洗衣和除臭。

🐝 瀉鹽（Epsom salt）比一般鹽含有更多礦物質和鎂，異位性皮膚炎、乾癬、濕疹、神經痛和關節炎的情況，可以把瀉鹽製作成沐浴鹽，每週使用2次，幫助排出體內毒素。

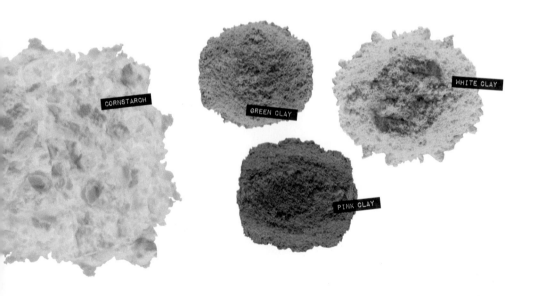

CORNSTARCH

GREEN CLAY

WHITE CLAY

PINK CLAY

EPSOM SALT

OATMEAL

BAKING SODA

蒸餾水（Distilled Water）水經過加熱，水分子變成水蒸氣飛至空中，留下細菌、病毒、礦石、化學成分和汙染物質。空中的水蒸氣經過冷卻器之後，水蒸氣再度變成水，這種水就是蒸餾水。蒸餾水是去除雜質的純淨水。

海洋深層水（Deep Ocean Water）太陽光無法到達的水深200公尺（海洋學方面是1000公尺以下）以下的海水。此處無法行光合作用，沒有機會接觸陸地和大氣中的化學物質，因此完全沒有細菌及病原菌，是富含礦物質和營養的海水資源。它含有最天然的礦物質，營養價值高。

蘆薈凝膠（Aloe Vera Gel）蘆薈凝膠的使用歷史悠久，古埃及人會使用蘆薈治療皮膚傷口、燙傷、發炎等症狀。蘆薈具有抗菌、抗真菌的效果，能夠幫助治療傷口、乾癬、生殖器單純皰疹等疾病。

迷迭香抗氧化劑（Rosemary Antioxidant）從迷迭香萃取出來的抗氧化劑，雖然無法阻止細菌或微生物引發的變質，但可以延長抗氧化過程，延長保存時間。配方是使用0.1%的程度。

燕麥粉（Oatmeal）不刺激肌膚，含有豐富的維他命和礦物質。主要用於敏感性肌膚。

蜂蜜（Honey）抗炎作用和鎮靜效果卓越，含有大量的維他命、蛋白質和礦物質。具有保溼作用和抗氧化作用，治療效果佳。天然蜂蜜含有植物的花粉，可能會引起花粉或植物的過敏反應，使用時請多加注意。

橄欖葉萃取物（Olive Extract）代表性的抗氧化物質，除了用在肌膚方面之外，也可以防止不飽和油品變質。能夠阻擋公害和紫外線造成的肌膚傷害，防止肌膚老化。另外還能滋潤肌膚，增加肌膚彈力。具有良好的抗菌效果，讓肌膚遠離病毒與細菌的侵襲，也可以有效預防肌膚老化。

扁柏樹萃取物（Cypress Extract） 扁柏有芬多精的功效，可以幫助強化心臟、消毒肌膚。芬多精具有很強的殺菌效果，清新森林的空氣，芬多精進入人體之後，可以選擇性地殺除不好的細菌，促進新陳代謝。並能使頭腦清晰，食慾旺盛。

水溶性天然維他命（Natural Betain Extract） 從糖水中萃取出的天然保濕劑，保濕效果優於甘油。刺激性非常低，活用性高，可以鎮靜肌膚，柔潤肌膚。

卵磷脂（Lecithin） 從黃豆中萃取出的乳化劑，可使用於香皂、沐浴乳、乳霜、乳液等方面，供給肌膚及毛孔營養。富含維他命B群，可抗氧化、防止老化。卵磷脂與其它乳化劑混合在一起使用的效果會比單獨使用佳。

維他命E（Vitamin E） 保護肌膚細胞膜，預防外部刺激造成的肌膚損傷。具有抗氧化作用，可預防皺紋產生。保濕效果佳，但使用過多會有黏膩感，因此配方會以1%來組合。

甘油（Glycerin） 提高肌膚保濕力的保濕產品。

玻尿酸（Hyaluronic Acid） 天然保濕劑，可提高肌膚中的水分及肌膚自身的保濕力。

水性橄欖油（Olive Liquid） 將油混合在水中的可溶化劑，主要使用於製作可洗式清潔油。水性橄欖油和增溶劑相似，使用上更清爽。使用量為油量的1～5倍，如果用量過多會造成黏膩感，請一定要按照比例調配。

DF皂基（DF Soap Base） 蒙古的野生植物，是在研發抗癌物質的過程中所研發出的強效抗菌物質，抗菌效果長達9小時，可以成功消滅青春痘等細菌！它是先進國家抗菌香皂的基本成分，是製作香皂的最佳皂基！此皂基是使用天然野生植物製成，6～8月為其採收期，每年的生產量會依採收量改變，所以採用限量生產方式。

tip 適合異位性皮膚炎寶寶的天然材料

● 綠花椰菜、紅椒、洋甘菊、薰衣草精油、純露。

精油

以蒸餾方式萃取植物各部分的精華，精油粒子會直接影響肌膚和嗅覺，使用時請多加注意。雖然精油是 100% 的天然產品，但不論是嬰幼兒或是成人都應依照個人狀況評估，使用前一定要做測試並且適量使用。本書的配方是平均數值，可根據月齡加減使用。

- 葡萄柚 (Grapefruit) 清爽的葡萄柚清香，和橘子一起使用效果更佳。適合油性肌膚，可以幫忙分解橘皮組織和促進淋巴。

- 橙花 (Neroli) 由橙花萃取而成的精油，質地清爽並有濃郁花香。適合非過敏性的發炎或泛紅以及敏感性肌膚，新生兒及幼兒也可安心使用。當你要哄小孩或是安撫孩子腹部疼痛時也可使用。另外，若是當作薰香原料時，建議與橘子精油一起使用最佳。

- 綠花白千層 (Niaouli) 防止細菌及殺菌效果卓越。當作薰香原料時，能夠刺激內心層面，恢復元氣，改善憂鬱症及無力感，增加集中力。對於內分泌方面十分有效，可增強免疫力，預防病毒感染，以及結核病、氣喘、支氣管炎、咽喉炎等呼吸器官方面的治療均有效果。特別是對受感染的肌膚有療效，可促進傷口或燙傷恢復，也可治療青春痘、膿瘡和乾癬。

- 薰衣草 (Lavender) 由薰衣草花萃取而成的精油，經常用於幼兒及產婦的管理。柔和的草本花香可以舒緩憂鬱症或失眠等精神方面問題。薰衣草適合所有膚質，具有殺菌、鎮靜、治療傷口、抗真菌等功效。

- 檸檬 (Lemon) 由成熟的檸檬皮萃取而成的精油，具有抗菌和清潔的功能。可以抑制皮脂生成和管理毛孔。若是患有光敏感的肌膚使用時，用量必須控制在0.5%以下。

- 羅馬洋甘菊 (Roman chamomile) 精油呈現淡黃色，帶有類似蘋果的香味。在異位性皮膚炎方面，雖然不如德國洋甘菊有效果，但它具有類似療效，可以用於敏感性肌膚、臉部紅暈、乾性肌膚等等。

- 迷迭香 (Rosemary) 迷迭香精油經常使用於感冒或氣喘等呼吸系統方面問題。它能夠使血液循環順暢，所以也會作為按摩油使用。迷迭香的香味會刺激主管記憶力的大腦海馬體，對於正在唸書的學生們很有幫助。要作為寶寶的薰香香氛的時候，請少量使用。

- 大馬士革玫瑰 (Rose otto) 香味濃郁優雅，只要少量的精油就能感受濃濃的玫瑰香。它的香味可以放鬆心情，增添幸福感，適合乾燥受損的肌膚。

- 玫瑰果油CO2 (Rose Hip CO2) 經常被使用的植物油，採用CO2萃取法，保存期限比一般植物油更長，應用層面更廣泛。玫瑰果油含有豐富的必需脂肪酸、亞麻油酸、亞麻酸，可幫助

肌膚再生、修復傷口。塗抹在肌膚上能立即被吸收，水分供給力佳。可以直接使用原液，改善溼疹、乾癬、乾性肌膚、老化肌膚、色素沉澱和傷口等等。

松紅梅（Manuka） 抗菌力強，可鎮靜敏感性肌膚，培養抵抗力。可用於搔癢、青春痘、霉菌感染等等。

馬鬱蘭（Marjram） 稀釋於按摩油後，可用於肌肉酸痛、外傷等疼痛。百日咳、惡寒、感冒初期時可以用馬鬱蘭精油按摩胸部，也可以作為薰香香氛使用。失眠或疲勞時可以與薰衣草精油混合使用。

柑橘（Mandarin） 嬰兒及孕婦也可安心使用的精油，主要用於鎮靜舒緩腸胃及生長紋。它和橘子精油一樣帶有香甜清爽的柑橘香氣。

桃金孃（Myrtle） 慢性呼吸系統症狀、支氣管炎、黏膜炎、慢性咳嗽等有療效。桃金孃具有鎮靜功效，可在寶寶睡覺時當薰香使用。青春痘、油性肌膚和緩和毛孔擴大方面也有效果。

沒藥（Myrrh） 香脂氣味強烈，具有抗菌、抗真菌和抗炎的作用。主要用來改善長時間或化膿的濕疹等慢性皮膚問題。沒藥精油是從樹木滲出的油脂中萃取的精油，防止老化和皺紋的效果佳，並能柔潤肌膚，促進肌膚細胞再生。也可幫助龜裂肌膚、慢性傷口復原。

佛手柑（Bergamot） 具有防腐及抗炎功效，可使用於皰疹（Herpes）、傷口和青春痘。佛手柑香味清新，當薰香使用可以令人放鬆、心情愉悅，可以用來改善憂鬱症狀。佛手柑具有光過敏性，使用時請多加注意（稀釋成1%使用，使用後12小時內勿照射陽光）。

岩蘭草（Vetiver） 又稱香根草、培地茅，防腐性強，使用於傷口。適合青春痘或油性肌膚，幫助失去活力的肌膚找回生機。食慾不振、精神方面或身體方面的疲勞都可以用薰香方式來舒緩。

蜂蠟精油（Bees Wax Absolute） 具有蜂窩的抗菌成分及再生成分，適合乾癬、濕疹和單純皰疹等等，也可有效舒緩水痘或青春痘的刺激。

絲柏（Cypress） 收斂效果傑出，可用於靜脈瘤，以及急性支氣管炎、咳嗽、氣喘等呼吸系統問題。絲柏可以舒緩過度分泌的皮脂及汗水，建議於洗澡時使用。

檀香（Sandalwood） 散發柔和的樹木芳香，印度人經常於冥想時使用。具有鎮靜及供給水分的功用，可以緩和水分流失和發炎症狀。主要用於乾性肌膚。

綠薄荷（Spearmint） 和薄荷相似，但肌膚刺激性較少。當寶寶因消化不良引發腹瀉、便祕等消化器官問題的時候，可以稀釋少量使用。

永久花（Everlasting） 具有抗炎、防腐和收斂效果，適合敏感性、發炎肌膚、乾癬、濕疹和生長紋。

- 西洋蓍草（Yarrow Blue） 青春痘、燙傷、濕疹、發疹的時候使用，抗炎效果佳。主要使用於異位性皮膚炎。西洋蓍草和德國洋甘菊一樣含有母菊薁（Kamazulen）成分，所以呈現藍色。

- 橘子（Orange） 可以稀釋在按摩油之後，按摩腹部幫助腸蠕動，改善消化不良、便祕、腹瀉等症狀。甘橘香氣能放鬆心情，可以在哄寶寶的時候使用橘子薰香。

- 尤加利（Eucalyptus） 尤加利的香味能使頭腦清晰，對呼吸系統問題最有效。可以擦拭在蚊蟲咬傷處，或是預防感冒。給寶寶的薰香療法時，使用少量即可。

- 德國洋甘菊（German Chamomile） 深藍色的精油，帶有濃郁的草本香。最安全的精油之一，適合嬰幼兒使用。含有母菊薁和沒藥醇（Bisabolol）等抗炎成分，可有效改善異位性皮膚炎。除了柔潤肌膚之外，還具有抗菌效果，可幫助傷口癒合和舒緩疼痛。另外還可用於長時間才可痊癒的傷口、濕疹、蕁麻疹、肌膚乾燥搔癢等問題。

- 天竺葵（Geranium） 具有抗氧化功能，可幫助皮脂保持均衡。幾乎無刺激性，適合所有膚質。防腐、抗病毒、收斂、除臭效果佳，並可抗菌、調理皮脂生成，還有殺蟲效果。可促進新細胞生成，柔軟正在發炎的肌膚。

- 杜松果（Juniper Berry） 使用於皮膚炎、乾癬、青春痘和油性肌膚。也可製成濕布，敷在化膿的濕疹上。

- 金盞花CO2（Calendula CO2） 精油呈現深褐色，香味近似菊花。一般大多使用浸泡植物油，但是萃取成精油後更有效果。金盞花精油可使用於大範圍的肌膚問題，如尿布疹、肌膚龜裂、粗糙、發炎等症狀。另外，對傷口及燙傷也有療效。

- 沈香醇百里香（Thyme linalol） 抗菌效果極佳，使用於呼吸系統方面疾病。當作薰香使用時，可以活化腦細胞，提高記憶力與集中力。肌膚刺激性低，可以作為寶寶的薰香精油。

- 茶樹（Tea Tree） 抗菌效果佳，可用於各種發炎問題。適合用於呼吸系統問題和皮膚發疹、皰疹、青春痘、傷口和蚊蟲咬傷等等。精油原液可以直接使用在肌膚上，給寶寶使用時請稀釋後再用。有些人會對茶樹過敏，使用前請先做貼布試驗（Patch Test）。

- 廣藿香（Patchouli） 香味類似泥土的味道，可用於傷口、傷疤、皮膚發炎、濕疹等症狀。廣藿香對於憂鬱症、不安、壓力、粗糙且受刺激的肌膚、發疹、皮膚龜裂、傷疤、發炎等均有效果。

- 玫瑰草（Palmarosa） 消除腸道病原菌，改善食慾不振的症狀。防腐及保濕力佳，可調節皮脂分泌及促進細胞再生。可用於乾燥多皺紋的肌膚，以及各種肌膚問題及青春痘。玫瑰草具有殺蟲和柔潤肌膚的效果，可使用於皰疹、皮膚感染、傷口及溼疹等問題。

苦橙葉（Petitgrain）從橘子樹葉中萃取出的精油，特性與橙花精油相似。用於防腐、收斂、除臭、油性肌膚和青春痘等方面。

辣薄荷（Peppermint）適合用於咳嗽、鼻子發炎等呼吸系統問題，以及消化不良、腹瀉等問題。呼吸系統問題可用少量薄荷精油薰香的方式來解決，消化系統問題則是將薄荷精油混入按摩油中，輕輕按摩腹部。對於嗅覺敏感的寶寶來說，辣薄荷的刺激性強，所以一般較常使用刺激性較低的綠薄荷。

乳香（Frankincense）非洲原產的橄欖科乳香木中萃取出的純精油，聖經中記載乳香可促進肌膚再生，以及具有刺激作用，特別適合老化肌膚及改善皺紋。乳香可鎮靜肌膚，促進細胞再生。氣喘及支氣管炎等呼吸系統問題可用薰香方式改善，或是使用少量乳香精油按摩胸部。

tip 嬰兒精油Yes or No

可以給嬰兒使用的精油
薰衣草、德國洋甘菊、羅馬洋甘菊、橙花、橘子、茶樹、檀香、廣藿香等精油，請按照寶寶年齡稀釋使用。

不可給嬰兒使用的精油
苦杏仁油、山金車、波爾多葉、BLUM、韭菜、菖蒲、樟腦（brown）、樟腦（yellow）、玉桂、峨蓼、肉桂、雲香木、土木香、苦茴香、辣根、毛果芸香、草木犀植物、艾草、芥菜、牛至、普列薄荷、矮松、芸香、鼠尾草、棉杉菊、洋擦木、香薄荷、Toya、零陵香豆、冬青、洋香藜、苦艾、印度藏茴香、洋茴香、大茴香、異國羅勒、月桂、西印度月桂、風輪菜、香苦木、肉桂葉、丁香花蕾、芫荽、甜茴香、牛膝草、杜松、肉荳蔻、黑胡椒、西班牙鼠尾草、萬壽菊、龍蒿、白色百里香、晚香玉、薑黃、松香、纈草、百味胡椒、龍腦、白千層、藏茴香、薄荷、大蒜、薑、荷蘭芹、茉莉、乳香、祕魯香脂、赤松、長葉松、蘇合香、香堇菜。

如何使用精油提高寶寶免疫力～
當寶寶沒有健康問題時，其實不需要使用任何精油。寶寶若是健康，使用基底油幫寶寶按摩便已足夠。媽媽溫柔的撫摸能夠幫助寶寶提高免疫力，預防疾病。美國哈佛大學也會用按摩來幫助無法打針的早產兒提高免疫力。幫寶寶洗澡時，使用天然香皂及母愛來仔細清洗，然後幫寶寶擦上天然產品，輕輕按摩。雖然效果不明顯，但卻是提高寶寶免疫力的重要過程。

各年齡的精油參考用量

年齡	Face & Body	軟膏	芳香劑	沐浴	空氣清淨劑
0～2個月	0～1 drop / 100ml	1～2 drops / 100ml	1 drop	0～3 drops	3～6 drops / 100ml
3～6個月	1～2 drops / 100ml	3～5 drops / 100ml	1～2 drops	4～6 drops	7～10 drops / 100ml
7～12個月	1～3 drops / 100ml	4～10 drops / 100ml	2～3 drops	7～9 drops	11～14 drops / 100ml
13～24個月	4～5 drops / 100ml	11～20 drops / 100ml	3～4 drops	10～12 drops	15～20 drops / 100ml
25～48個月	6～8 drops / 100ml	21～30 drops / 100ml	4～5 drops	13～15 drops	20～25 drops / 100ml
49～96個月	9～10 drops / 100ml	31～40 drops / 100ml	5～6 drops	16～20 drops	25～30 drops / 100ml

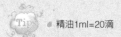 Tips ● 精油1ml＝20滴

各年齡的天然材料導覽

下表為一般基礎導覽，僅介紹完全不傷害寶寶肌膚的精油，除了本表介紹的精油之外，尚有許多天然材料適合寶寶使用。

若是有不在本表格內的配方，依然可以安心使用。

年齡	精油	基底油	油脂	蠟	純露
0～2個月	羅馬洋甘菊、德國洋甘菊、薰衣草、柑橘	甜杏仁油、荷荷巴油、橄欖油	乳油木果脂	蜂蠟、杏仁蠟	薰衣草純露、洋甘菊純露、橙花純露
3～6個月	羅馬洋甘菊、德國洋甘菊、薰衣草、柑橘、尤加利樹、橙花、茶樹、天竺葵、玫瑰、檀香、甜橙	甜杏仁油、荷荷巴油、橄欖油、月見草油(少量)、小麥胚芽油(少量)、葡萄籽油、金盞花浸泡油、瓊崖海棠油	乳油木果脂	蜂蠟、杏仁蠟	薰衣草純露、洋甘菊純露、橙花純露、檀香純露、茶樹純露、玫瑰純露、天竺葵純露
7～12個月	羅馬洋甘菊、德國洋甘菊、薰衣草、柑橘、尤加利樹、橙花、茶樹、天竺葵、玫瑰、檀香、甜橙、玫瑰草、苦橙葉、綠花白千層、乳香、沒藥、金盞花CO2、松紅梅	甜杏仁油、荷荷巴油、橄欖油、金盞花浸泡油、小麥胚芽油、月見草油(少量)、聖約翰草油、酪梨油、大麻籽油、瓊崖海棠油、杏核油、葡萄籽油	乳油木果脂、酪梨脂、大麻籽脂、杏仁脂、杏核脂	蜂蠟、杏仁蠟、杏核蠟	薰衣草純露、洋甘菊純露、橙花純露、檀香純露、茶樹純露、玫瑰純露、天竺葵純露

年齡	精油	基底油	油脂	蠟	純露
13～24個月 (1～2歲)	羅馬洋甘菊、德國洋甘菊、薰衣草、柑橘、尤加利樹、橙花、茶樹、天竺葵、玫瑰、檀香、甜橙、玫瑰草、苦橙葉、綠花白千層、乳香、沒藥、金盞花CO2、松紅梅、廣藿香、馬鬱蘭	甜杏仁油、荷荷巴油、橄欖油、月見草油、金盞花浸泡油、聖約翰草油、小麥胚芽油、酪梨油、大麻籽油、白芒花籽油、瓊崖海棠油、杏核油、芝麻油、山茶花油、摩洛哥堅果油、葡萄籽油	乳油木果脂、酪梨脂、大麻籽脂、杏仁脂、杏核脂	蜂蠟、杏仁蠟、杏核蠟	薰衣草純露、洋甘菊純露、橙花純露、檀香純露、茶樹純露、玫瑰純露、天竺葵純露
25～48個月 (2～4歲)	羅馬洋甘菊、德國洋甘菊、薰衣草、柑橘、尤加利樹、橙花、茶樹、天竺葵、玫瑰、檀香、甜橙、玫瑰草、苦橙葉、綠花白千層、乳香、沒藥、金盞花CO2、松紅梅、廣藿香、桃金孃、綠薄荷、西洋蓍草、薄荷、馬鬱蘭	甜杏仁油、荷荷巴油、橄欖油、金盞花浸泡油、小麥胚芽油、白芒花籽油、月見草油、聖約翰草油、酪梨油、大麻籽油、瓊崖海棠油、杏核油、芝麻油、山茶花油、葡萄籽油、摩洛哥堅果油、玫瑰果油	乳油木果脂、酪梨脂、大麻籽脂、杏仁脂、杏核脂、可可脂	蜂蠟、杏仁蠟、杏核蠟、橙花蠟等	薰衣草純露、洋甘菊純露、橙花純露、檀香純露、茶樹純露、玫瑰純露、天竺葵純露、西洋蓍草純露
49～96個月 (5～7歲)	羅馬洋甘菊、德國洋甘菊、薰衣草、柑橘、尤加利樹、橙花、茶樹、天竺葵、玫瑰、檀香、甜橙、玫瑰草、苦橙葉、綠花白千層、乳香、沒藥、金盞花CO2、松紅梅、佛手柑、桃金孃、廣藿香、花梨木、綠薄荷、鼠尾草、西洋蓍草、薄荷、玫瑰果CO2、馬鬱蘭、永久花、岩蘭草、薑	甜杏仁油、荷荷巴油、橄欖油、金盞花浸泡油、小麥胚芽油、月見草油、聖約翰草油、酪梨油、大麻籽油、瓊崖海棠油、杏核油、蘆薈油(少量)、芝麻油、山茶花油、葵花籽油、南瓜籽油、摩洛哥堅果油、綠茶籽油、澳洲胡桃油、葡萄籽油、印度楝樹油、白芒花籽油、玫瑰果油	乳油木果脂、酪梨脂、大麻籽脂、杏仁脂、杏核脂、蘆薈脂、芒果脂、可可脂	蜂蠟、杏仁蠟、杏核蠟、橙花蠟等	薰衣草純露、洋甘菊純露、橙花純露、檀香純露、茶樹純露、玫瑰純露、天竺葵純露、西洋蓍草純露

製作嬰幼兒香皂的
基本流程

製作天然香皂的4種方法

天然香皂的製作方法可以依照香皂的特性、使用者的皮膚類型及使用目的，大致分成融化再製法（Melt and Pour）、冷製法（Cold Process）、熱製法（Hot Process）和再生法（Rebatching）4大類。融化再製法和再生法較簡單，適合手工皂的初學者。冷製法和熱製法稍有難度，製作之前請先熟悉製作方法。

　　本書的嬰幼兒產品考慮到母親的身體狀態及家中室內環境等等，因此配方以融化再製法和冷製法為主。

融化再製法

所需時間：約20分鐘

把皂基融化之後，再加入精油，是最簡單的製作天然手工皂方法。不需

使用氫氧化鈉，也不需熟成時間，安全又快速。

冷製法

所需時間：20分鐘〜2小時

天然手工皂的基本製作方法，在常溫中進行皂化，需要4〜6週的熟成時間。冷製法的優點在於精油的成分比例和添加物可以隨意調配，可以發揮天然材料最大的功效。

熱製法

所需時間：4〜5小時

基底油與氫氧化鈉反應的時候，溫度升至60℃使之皂化。皂化到某個程度之後，可用蒸餾（隔水加熱）等方法加熱，加速皂化，經過2週的熟成時間之後即可使用。透明皂、液體皂、洗面乳等等都使用此方法，不過，製作液體皂的時候，要用氫氧化鉀取代氫氧化鈉。

再生法

所需時間：1〜2小時

將已製好的肥皂蒸餾加工（隔水加熱），添加想要的顏色及香味。不需經過皂化，添加物的損失少，製作失敗的香皂可以使用此方法再度活用。

製作手工皂的基本道具

製作手工皂並沒有規定的道具，許多人會活用家中廚房用品或是其他用途的道具。不過，為了降低製造過程中發生的變數，最好依照下列介紹的材質及特性來準備道具。

製作手工皂的基本道具

不鏽鋼杯 欲加熱油脂，使其與氫氧化鈉產生變化時使用。

電子磅秤 用於精密測量油脂、氫氧化鈉與蒸餾水等材料。

乾淨刮刀 攪拌肥皂液，或是將皂液倒入肥皂模時使用。

溫度計 肥皂加熱時用來測量溫度。

加熱用具 加熱油脂或肥皂時使用。

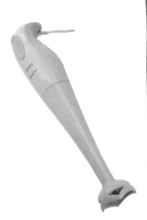

pH試紙　用來測試肥皂的酸度。

肥皂模　倒入肥皂液，使之成型。

保護裝備　塑膠手套、防塵口罩用於處理強鹼肥皂液和氫氧化鈉的時候。

電動攪拌器　當油脂與氫氧化鈉作用反應時，用來攪拌肥皂液，幫助快速皂化。

毛巾或毯子　當肥皂液倒入模型時，用來保持肥皂液的溫度。

氫氧化鈉容器　用於計量氫氧化鈉。

10分鐘完成，超簡單的融化再製(MP)皂

融化再製（MP；Melt and Pour）是把無色無味的皂基融化，添加自己想要的營養成分、精油之後再製成肥皂。這種方法不需要使用氫氧化鈉，作法簡單，每個人都可以嘗試。製出的肥皂不需要花時間熟成，馬上就能使用，可以立刻體驗手工皂的樂趣。

嬰幼兒用融化再製皂的製作注意事項

製作融化再製皂時要慎重選擇皂基，特別是製作保護寶寶脆弱肌膚的天然皂時，絕對不能使用一般的透明皂基。市面上的皂基有分為透明皂基、彩色皂基、有機皂基等等，嬰幼兒使用的肥皂一定要選用有機產品。特別是年紀越小的孩子肌膚越敏感，跟清潔力與透明度相比，更應該著重肌膚保溼與營養供給。

* * *融化再製皂的製作方式 * * *

1　將皂基切丁，切得越小塊越能節省融化時間。

2　把切好的皂基放入容器內加熱，使它完全融化，這時溫度要控制在75℃以下，肥皂液的溫度若過高，添加物的顏色及香味容易變質，也會產生許多泡泡。如果是使用微波爐，請以20～30秒為單位，微波至完全融化為止。

3　待皂基完全融化之後，再依照不同肌膚類型加入不同的添加物及精油，並輕輕攪拌，小心不要讓它起泡。肥皂液的溫度不可過高，才能保存添加物的香味。

4　等到添加物充分融入肥皂液之後，小心地倒入肥皂模型內。

5　噴灑酒精在肥皂上，去除肥皂泡泡。

6　等到肥皂完全凝固，即可脫模使用。

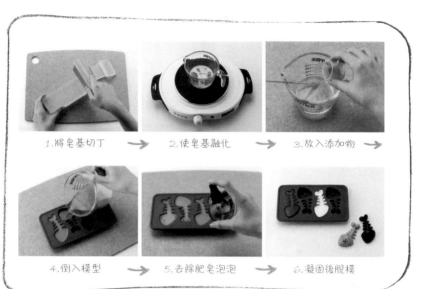

1.將皂基切丁 → 2.使皂基融化 → 3.放入添加物 →

4.倒入模型 → 5.去除肥皂泡泡 → 6.凝固後脫模

tip 嬰幼兒的DF皂基

● DF萃取物比有機物更優異，它是野生植物的萃取物，是在研發KIST抗癌物質的過程中所研發出的抗菌物質。它和現有的抗菌肥皂內含的抗菌物質不同，DF萃取物是天然抗菌物質，不但沒有毒性疑慮，抗菌效果還長達9小時。DF植物生長於蒙古貧瘠的自然環境中，一年之中只有一個月的時間可以人工摘取，所以更加提高它的價值。選用有機油脂和DF萃取物製作而成的DF皂基來製作嬰幼兒融化再製皂，是最理想的配方。

● 製作DF皂

1.購買DF皂基。 → 2.購買使用的添加物(精油、粉等等)。 → 3.DF皂基完全融化後，放入添加物。 → 4.倒入模型，待肥皂凝固後脫模即可使用。

DF皂基搭配精油、草本粉、泥等天然有機原料，其效果會相輔相乘。
※DF皂基及DF萃取物在台灣不易取得，建議依各人膚質需求使用市售的天然皂基及天然植物萃取物即可。
　可代替DF皂基的作法：(500g) → 一般MP皂基500g+絲柏精油5滴
　可代替DF萃取物的材料：絲柏精油

孩子專屬的手工皂，冷製法(CP)皂

冷製法（CP；Cold Process）是最基本的製皂方法，它使用低溫（20～60℃）進行皂化。你可以自由調配油脂與添加物的比例，按照肌膚類型及個人喜好製作專屬的手工皂。

冷製法手工皂的製作準備

1. 決定你想要做的手工皂

按照肌膚類型選擇基底油、添加物和精油等等。

2. 混合油脂

混合油脂會依基底油的性質改變，油脂的重量大約為手工皂重量的75～80%左右。

3. 準備純水

製作手工皂時主要使用軟水或純水，如果不是使用純水的話，水中的雜質可能會對手工皂產生影響，甚至使手工皂顏色變黑。水量會影響手工皂的硬度，我們會依照油脂的量來決定水量，水量約為總油脂量的30～40%，一般以總油脂量的33%來計算。

　　── 水量計算範例
　　總油脂量為100克時，需要的水量為
　　100g × 0.33=33g

4. 準備氫氧化鈉

氫氧化鈉和油脂反應的現象就是皂化，依油脂不同所需要的氫氧化鈉毫
克數也不同，所需的毫克數稱為「皂化價」。

── 氫氧化鈉和氫氧化鉀的計算方式
100克的橄欖油所需氫氧化鈉毫克數為
100g×0.134=13.4g
100克的橄欖油所需氫氧化鉀毫克數為
100g×0.1876=18.76g

tip 減鹼與超脂

減鹼與超脂是讓天然手工皂更精純柔和的技巧。

減鹼（Discount）
減鹼是在計算配方時，先扣除一些鹼量，使皂化後仍有少許油脂未與鹼作用而留
下，這些油脂會變成保濕成分。不過，隨著減鹼量的越多，做出來的手工皂熟成之
後越容易酸敗，縮短保存時間。所以最好只扣除5～10%的鹼量，並且一定要添加
維他命E等天然保存劑。

超脂（Superfat）
超脂是另外添加未與氫氧化鈉反應的油脂，使成品較為滋潤的技巧。當皂液呈現濃
稠狀的時候加入油脂，這種油脂沒有經過皂化，它的成分與功效也比較容易被保留
在皂裡，達到想要的效果。不過過度超脂的手工皂容易變質，所以另外添加的油脂
最好控制在10%以內，並且一定要添加維他命E等天然保存劑。

── 基底油與氫氧化鈉的計算方式

棕櫚油100g與椰子油100g製成香皂時，所需的氫氧化鈉數量（棕櫚油100g×棕櫚油的皂化價0.141）＋（椰子油100g×椰子油的皂化價0.190）＝33.1g

＊＊＊冷製法手工皂的製作方式＊＊＊

1　測量基底油分量，放入不鏽鋼容器，加熱至45～55℃。

2　用玻璃燒杯測量海洋深層水或蒸餾水等純水系列材料，加入氫氧化鈉，製成氫氧化鈉溶液。

3　氫氧化鈉溶液加熱至45～55℃之後，緩緩倒入步驟1。

4　使用攪拌器仔細攪拌，使之到達濃稠狀態。

5　把添加物加至肥皂液中，仔細攪拌以防結塊。等到肥皂液呈現濃稠狀態，放入精油仔細攪拌。

6　等溶液變得更濃稠之後，將硫酸紙或塑膠鋪在肥皂模內，倒入肥皂液。

7　用保鮮膜或塑膠包覆肥皂模，再用毛巾包覆住保溫，幫助肥皂皂化。

8　2天後將肥皂脫模，切成你想要的大小。

9　肥皂必須保管在陰涼通風良好的地方，經過6週的乾燥、熟成，並測試pH值之後即可使用。

tip 氫氧化鈉安全管理

● 製作氫氧化鈉溶液時一定要使用不鏽鋼容器，並且穿戴橡膠手套和口罩等安全裝備。氫氧化鈉如果碰到皮膚，盡快用大量清水清洗，並以食醋中和被氫氧化鈉沾到的部位。製作氫氧化鈉溶液時，也請注意不要吸到其水蒸氣。

1.測量基底油並加熱 → 2.製作氫氧化鈉溶液 → 3.混合基底油與
　　　　　　　　　　　　　　　　　　　　　　　　氫氧化鈉溶液 →

4.使它呈現濃稠狀態 → 5.放入添加物 → 6.倒入肥皂膜 →

7.保溫 → 8.測試pH值

 何謂濃稠(Trace)狀態？

　　基底油和氫氧化鈉溶液混合之後，經過攪拌漸漸變成如奶霜一般，這就是濃稠
　（Trace）狀態。Trace是指電動攪拌器或刮刀在攪拌肥皂液時所留下的痕跡。使用
　　電動攪拌器大約5分鐘內就能到達濃稠（Trace）狀態，如果使用刮刀攪拌則需1～2
　　小時。

各種精油的皂化價(Saponification Value)

精油	氫氧化鉀(KOH)	氫氧化鈉(NaOH)
甜杏仁油 (Sweet Almond Oil)	0.1904	0.136
杏核油 (Apricot Kernel Oil)	0.1890	0.135
酪梨油 (Avocado Oil)	0.1862	0.133
牛脂 (Beef Tallow)	0.1967	0.1405
蜂蠟 (Bees Wax)	0.0966	0.069
琉璃苣油 (Borage Oil)	0.1900	0.1357
芥花油 (Canola Oil)	0.1856	0.1324
蓖麻油 (Castor Oil)	0.1800	0.1286
可可脂 (Cocoa Butter)	0.1918	0.137
椰子油 (Coconut Oil)	0.2660	0.19
玉米油 (Corn Oil)	0.1904	0.136
棉花籽油 (Cottonseed Oil)	0.1940	0.1386
亞麻仁油 (Flaxseed Oil)	0.1883	0.135
葡萄籽油 (Grape Seed Oil)	0.1771	0.126
榛果油 (Hazelnut Oil)	0.1898	0.1356
大麻籽油 (Hemp Seed Oil)	0.1883	0.1345
荷荷巴油 (Jojoba Oil)	0.0966	0.069
羊毛脂油 (Lanolin—Wool Fat)	0.1037	0.0741
豬油 (Lard)	0.1932	0.138
夏威夷堅果油 (Macadamia Oil)	0.1946	0.139
貂油 (Mink Oil)	0.1960	0.14
印度楝樹油 (Neem Oil)	0.1941	0.1387
橄欖油 (Olive Oil)	0.1876	0.134

精油	氫氧化鉀(KOH)	氫氧化鈉(NaOH)
橄欖果渣油 (Olive Pomace Oil)	0.2184	0.156
棕櫚脂 (Palm Butter)	0.2184	0.156
棕櫚仁油 (Palm Kernel Oil)	0.2184	0.156
棕櫚油 (Palm Oil)	0.1974	0.141
花生油 (Peanut Oil)	0.1904	0.136
南瓜籽油 (Pumpkin Seed Oil)	0.1890	0.135
米糠油 (Rice Bran Oil)	0.1792	0.128
紅花油 (Safflower Oil)	0.1904	0.136
芝麻油 (Sesame Oil)	0.1862	0.133
乳油木果脂 (Shea Butter)	0.1792	0.128
白油 (Shortening-Vegetable)	0.1904	0.136
大豆油 (Soybean Oil)	0.1890	0.135
葵花籽油 (Sunflower Seed Oil)	0.1876	0.134
胡桃油 (Walnut Oil)	0.1894	0.136
小麥胚芽油 (Wheat Germ Oil)	0.1834	0.131
山茶花油 (Camellia Oil)	0.191	0.1362
玫瑰果籽油 (Rose Hip Seed Oil)	0.193	0.1378
鴯鶓油 (Emu Oil)	0.196	0.1359
月見草油 (Evening Primrose Oil)	0.191	0.136
硬脂酸 (Stearic Acid)	0.208	0.148

健康肌膚寶寶的

基本呵護

製作各
年齡的基本香皂

各年齡的精油參考用量
3～6個月 薰衣草精油10滴
7～12個月 薰衣草精油15滴
1～2歲 薰衣草精油20滴
2～4歲 薰衣草精油30滴
5～7歲 薰衣草精油40滴

薰衣草抗菌皂

新生兒每天都要洗澡,所以一定要使用最低刺激性的天然產品。另外,洗完澡後要注意保濕,以防肌膚乾澀。下方是皂基與最低用量的精油配方。

Recipe

材料

皂基 天然皂基500g
精油 薰衣草精油1滴

1. 將皂基切丁後放入容器內加熱,使它完全融化,這時溫度要控制在75℃以下。
2. 滴入精油,輕輕攪拌,使材料混合均勻。
3. 小心地將肥皂液倒入模型。
4. 噴灑少許酒精在肥皂上,去除肥皂泡泡。
5. 等到肥皂完全凝固,即可脫模使用。

使用方法 這種肥皂不易產生泡沫,建議媽媽先用雙手搓出泡沫之後,再為孩子進行清洗。

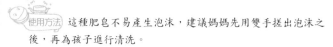

Tip ● 本書的皂基部分都建議使用DF皂基,由於台灣不易取得,建議使用適合個人的天然皂基。或依此配方替代:天然皂基500g + 絲柏精油5滴。

適用：3～6個月

0～2個月 羅馬洋甘菊精油2滴、薰衣草精
油3滴
7～12個月 羅馬洋甘菊精油5滴、薰衣草
精油10滴
1～2歲 羅馬洋甘菊精油8滴、薰衣草精油
12滴
2～4歲 羅馬洋甘菊精油12滴、薰衣草精
油18滴
5～7歲 羅馬洋甘菊精油16滴、薰衣草精
油24滴

薰衣草洋甘菊香皂

添加薰衣草和羅馬洋甘菊精油的手工香皂，滋潤寶寶脆弱的肌膚，是敏感性肌膚的專用配方。此香皂保濕力佳，也適合患有異位性皮膚炎的寶寶使用。

MP 類型

Recipe

材料

皂基 天然皂基500g

精油 羅馬洋甘菊精油3滴、薰衣草精油5滴

1. 將皂基切丁後放入容器內加熱，使它完全融化，這時溫度要控制在75℃以下。

2. 滴入精油，輕輕攪拌，使材料混合均勻。

3. 小心地將肥皂液倒入模型。

4. 噴灑少許酒精在肥皂上，去除肥皂泡泡。

5. 等到肥皂完全凝固，即可脫模使用。

 Tip

本書的皂基部分都建議使用DF皂基，由於台灣不易取得，建議使用適合個人的天然皂基。或依此配方替代：天然皂基500g + 絲柏精油5滴。

各年齡的精油參考用量

0~2個月 薰衣草精油5滴
3~6個月 橙花精油5滴、薰衣草精油5滴
1~2歲 橙花精油12滴、薰衣草精油8滴
2~4歲 橙花精油18滴、薰衣草精油12滴
5~7歲 橙花精油22滴、薰衣草精油18滴

乳油木果香皂

以絕佳保濕力著稱的乳油木果脂製成的香皂，本配方適合活動力旺盛、經常流汗的寶寶。常因外部刺激出現敏感反應的肌膚，以及乾性肌膚的寶寶請期待此香皂的效果。

MP 類型

Recipe

材料

皂基 天然皂基500g

添加物 乳油木果脂2g

精油 橙花精油7滴、薰衣草精油5滴

1. 將皂基切丁後放入容器內加熱，使它完全融化，這時溫度要控制在75℃以下。

2. 滴入精油，放入融化的乳油木果脂，輕輕攪拌，使材料混合均勻。

3. 小心地將肥皂液倒入模型。

4. 噴灑少許酒精在肥皂上，去除肥皂泡泡。

5. 等到肥皂完全凝固，即可脫模使用。

Tip

本書的皂基部分都建議使用DF皂基，由於台灣不易取得，建議使用適合個人的天然皂基。或依此配方替代：天然皂基500g + 絲柏精油5滴。

各年齡的精油參考用量

0～2個月 薰衣草精油5滴
3～6個月 薰衣草精油10滴
7～12個月 薰衣草精油10滴、玫瑰草精油5滴
2～4歲 薰衣草精油20滴、玫瑰草精油10滴
5～7歲 薰衣草精油25滴、玫瑰草精油15滴

橄欖油香皂

添加橄欖油、橄欖葉粉等強化橄欖成分的香皂，具有舒緩鎮靜肌膚的效果，強化的保濕力能使肌膚保持濕潤。敏感性肌膚、乾性肌膚、異位性皮膚炎等皆可使用。

材料

皂基 天然皂基500g

添加物 橄欖油2g、橄欖葉粉3g

精油 玫瑰草精油5滴、薰衣草精油10滴

Recipe

1 將皂基切丁後放入容器內加熱，使它完全融化，這時溫度要控制在75℃以下。

2 放入精油及添加物，輕輕攪拌，使材料混合均勻。

3 小心地將肥皂液倒入模型。

4 噴灑少許酒精在肥皂上，去除肥皂泡泡。

5 等到肥皂完全凝固，即可脫模使用。

 本書的皂基部分都建議使用DF皂基，由於台灣不易取得，建議使用適合個人的天然皂基。或依此配方替代：天然皂基500g + 絲柏精油5滴。

各年齡的精油參考用量

0~2個月 薰衣草精油5滴
3~6個月 檀香精油1滴、薰衣草精油5
滴、天竺葵精油1滴
7~12個月 檀香精油2滴、天竺葵精油3
滴、乳香精油2滴
1~2歲 檀香精油3滴、天竺葵精油5滴、
乳香精油3滴
5~7歲 檀香精油10滴、天竺葵精油20
滴、乳香精油10滴

荷荷巴檀香香皂

寶寶滿2歲之後，可以使用的天然材料種類大幅增加。特別是了解各種精油的功能，仔細調配之後更能強化天然香皂的優點。敏感性肌膚、乾性肌膚、異位性皮膚炎等問題肌膚都可以使用此配方。

MP 類型

材料

皂基 天然皂基500g

添加物 荷荷巴油2g、甘菊粉3g

精油 檀香精油5滴、乳香精油5滴、天竺葵精油10滴

Recipe

1. 將皂基切丁後放入容器內加熱，使它完全融化，這時溫度要控制在75℃以下。

2. 放入精油及添加物，輕輕攪拌，使材料混合均勻。

3. 小心地將肥皂液倒入模型。

4. 噴灑少許酒精在肥皂上，去除肥皂泡泡。

5. 等到肥皂完全凝固，即可脫模使用。

Tip

本書的皂基部分都建議使用DF皂基，由於台灣不易取得，建議使用適合個人的天然皂基。或依此配方替代：天然皂基500g + 絲柏精油5滴。

各年齡的精油建議用量

3～6個月 薰衣草精油10滴

7～12個月 薰衣草精油10滴、金盞花CO2
精油2滴

1～2歲 薰衣草精油10滴、金盞花CO2精
油5滴、沒藥精油2滴

2～4歲 薰衣草精油10滴、金盞花CO2精
油7滴、沒藥精油3滴

金盞花香皂

這個年紀的寶寶好奇心旺盛，所以這時的香皂配方或造型也要求新求變。你可以活用乾燥花或色素讓香皂配方更有變化。敏感性肌膚、乾性肌膚、異位性皮膚炎等問題肌膚都可以使用此配方。

MP 類型

Recipe

1. 將皂基切丁後放入容器內加熱，使它完全融化，這時溫度要控制在75℃以下。

2. 放入精油及添加物，輕輕攪拌，使材料混合均勻。

3. 小心地將肥皂液倒入模型。

4. 噴灑少許酒精在肥皂上，去除肥皂泡泡。

5. 等到肥皂完全凝固，即可脫模使用。

材料

皂基 天然皂基500g

添加物 金盞花乾燥花粉3g、金盞花浸泡油2g

精油 薰衣草精油10滴、金盞花CO2精油10滴、沒藥精油5滴

Tip

● 本書的皂基部分都建議使用DF皂基，由於台灣不易取得，建議使用適合個人的天然皂基。或依此配方替代：天然皂基500g＋絲柏精油5滴。

● 可以代替金盞花CO2精油的是：羅馬洋甘菊精油、德國洋甘菊精油。

各年齡的精油參考用量

3～6個月 薰衣草精油13滴、德國洋甘菊
精油7滴

7～12個月 薰衣草精油20滴、德國洋甘菊
精油10滴

1～2歲 薰衣草精油25滴、德國洋甘菊精
油15滴

2～4歲 薰衣草精油40滴、德國洋甘菊精
油20滴

5～7歲 薰衣草精油55滴、德國洋甘菊精
油25滴

純淨橄欖嬰幼兒香皂

新生兒脆弱的肌膚也可以使用的高保濕配方，此款香皂幾乎沒有泡沫，使用時輕柔地按摩之後，用水畫圓洗淨即可。因為香皂已熟成，使用時請注意水氣。

材料

氫氧化鈉溶液 海洋深層水225g、氫氧化鈉（純度98%、減鹼15%）88g

基底油 甜杏仁油300g、橄欖油400g、荷荷巴油100g

添加物 天然萃取物3滴

精油 薰衣草精油10滴、德國洋甘菊精油5滴

Recipe

1. 按照配方量好甜杏仁油、橄欖油和荷荷巴油的分量後，倒入不鏽鋼容器內，加熱至45～55℃。

2. 將海洋深層水倒入玻璃燒杯中，把氫氧化鈉加至海洋深層水中，製成氫氧化鈉溶液。

3. 氫氧化鈉溶液加熱至45～55℃之後，慢慢倒入步驟1中，混合均勻。

4. 當溶液呈現濃稠狀態（Trace）之後，加入添加物和精油，仔細攪拌均勻。

5. 等溶液變得更濃稠之後，將硫酸紙或塑膠鋪在肥皂模內，倒入肥皂液。

6. 用保鮮膜或塑膠包覆肥皂模，再用毛巾包覆住保溫，幫助肥皂皂化。

7. 兩天後將肥皂脫模，切成你想要的大小。

8. 肥皂必須保管在陰涼通風良好的地方，經過6週的乾燥、熟成之後，測試pH值之後即可使用。

Tip

● 步驟3有一定程度之危險性，需小心操作。

● 在肥皂模內鋪硫酸紙（烘焙紙）或塑膠，是為了方便日後容易脫模，若使用矽膠模則可不用此步驟。

● 本書的萃取物部分建議使用DF萃取物，由於台灣不易取得，建議使用適合個人的天然植物萃取物，或是絲柏精油代替。

各年齡的精油參考用量

7～12個月 尤加利樹精油7滴、德國洋甘
菊精油8滴、薰衣草精油15滴

1～2歲 尤加利樹精油10滴、德國洋甘菊
精油10滴、薰衣草精油20滴

2～4歲 尤加利樹精油15滴、德國洋甘菊
精油15滴、薰衣草精油30滴

5～7歲 尤加利樹精油20滴、德國洋甘菊
精油20滴、薰衣草精油40滴

杏仁嬰幼兒香皂

此款香皂幾乎沒有泡沫，保濕機能高，非常適合寶寶使用。使用時輕柔地按摩之後，用水畫圓洗淨即可。因為香皂已熟成，使用後請避免放在潮濕處。患有異位性皮膚炎或敏感性肌膚的寶寶皆可使用。

CP 類型

Recipe

 材料

氫氧化鈉溶液 海洋深層水256g、氫氧化鈉（純度98%、減鹼15%）100g

基底油 甜杏仁油700g、橄欖油100g、荷荷巴油100g

添加物 天然萃取物3滴

精油 尤加利樹精油5滴、德國洋甘菊精油5滴、薰衣草精油10滴

1. 按照配方量好甜杏仁油、橄欖油和荷荷巴油的分量後，倒入不鏽鋼容器內，加熱至45～55℃。

2. 將海洋深層水倒入玻璃燒杯中，把氫氧化鈉加至海洋深層水中，製成氫氧化鈉溶液。

3. 氫氧化鈉溶液加熱至45～55℃之後，慢慢倒入步驟1中，混合均勻。

4. 當溶液呈現濃稠狀態（Trace）之後，加入添加物和精油，仔細攪拌均勻。

5. 等溶液變得更濃稠之後，將硫酸紙或塑膠鋪在肥皂模內，倒入肥皂液。

6. 用保鮮膜或塑膠包覆肥皂模，再用毛巾包覆住保溫，幫助肥皂皂化。

7. 兩天後將肥皂脫模，切成你想要的大小。

8. 肥皂必須保管在陰涼通風良好的地方，經過6週的乾燥、熟成之後，測試pH值之後即可使用。

 Tip

● 步驟3有一定程度之危險性，需小心操作。

● 在肥皂模內鋪硫酸紙（烘焙紙）或塑膠，是為了方便日後容易脫模，若使用矽膠模則可不用此步驟。

● 本書的萃取物部分建議使用DF萃取物，由於台灣不易取得，建議使用適合個人的天然植物萃取物，或是絲柏精油代替。

Ce gâteau cach
les délices gust
de la salsa

Il ne suffit pas de
des produits de qualité
pour faire un gâteau
cieux... il faut que n
pâtissier mette sa
magique A

各年齡的精油參考用量

1~2歲 薰衣草精油30滴、橙花精油15
滴、桔精油15滴

2~4歲 薰衣草精油40滴、橙花精油20
滴、桔精油20滴

5~7歲 薰衣草精油60滴、橙花精油30
滴、桔精油30滴

金盞花嬰幼兒香皂

此款香皂是由金盞花精油、金盞花乾燥花粉等，使用各種金盞花素材製成的保濕香皂。這個配方能將金盞花的效果發揮的淋漓盡致，並且添加了乳油木果脂和月見草油，對於異位性皮膚炎、濕疹和乾性肌膚等很有效果。

CP 類型

Recipe

材料

氫氧化鈉溶液 海洋深層水282g、氫氧化鈉（純度98%、減鹼5%）123g

基底油 椰子油50g、橄欖油400g、甜杏仁油200g、月見草油50g、荷荷巴油50g、杏核油100g、乳油木果脂100g

添加物 金盞花精油50g、金盞花乾燥花粉50g、天然萃取物3滴

精油 薰衣草精油20滴、橙花精油10滴、桔精油10滴

1. 按照配方量好椰子油、橄欖油、甜杏仁油、月見草油、荷荷巴油、杏核油和乳油木果脂的分量後，倒入不鏽鋼容器內，加熱至45～55℃。

2. 將海洋深層水倒入玻璃燒杯中，把氫氧化鈉加至海洋深層水中，製成氫氧化鈉溶液。

3. 氫氧化鈉溶液加熱至45～55℃之後，慢慢倒入步驟1中，混合均勻。

4. 當溶液呈現濃稠狀態（Trace）之後，加入添加物和精油，仔細攪拌均勻。

5. 等溶液變得更濃稠之後，將硫酸紙或塑膠鋪在肥皂模內，倒入肥皂液。

6. 用保鮮膜或塑膠包覆肥皂模，再用毛巾包覆住保溫，幫助肥皂皂化。

7. 兩天後將肥皂脫模，切成你想要的大小。

8. 肥皂必須保管在陰涼通風良好的地方，經過6週的乾燥、熟成之後，測試pH值之後即可使用。

Tip

● 步驟3有一定程度之危險性，需小心操作。

● 在肥皂模內鋪硫酸紙（烘焙紙）或塑膠，是為了方便日後容易脫模，若使用矽膠模則可不用此步驟。

● 本書的萃取物部分建議使用DF萃取物，由於台灣不易取得，建議使用適合個人的天然植物萃取物，或是絲柏精油代替。

各年齡的精油參考用量

2〜4歲 薰衣草精油30滴、德國洋甘菊精
油20滴、苦橙葉精油10滴

5〜7歲 薰衣草精油40滴、德國洋甘菊精
油25滴、苦橙葉精油15滴

溫和嬰幼兒香皂

異位性皮膚炎、敏感性肌膚和乾性肌膚可以安心使用的溫和嬰兒香皂。此款香皂添加了少量椰子油來增加洗淨力，不過比一般香皂跟相比，屬於泡沫較少的香皂。

CP 類型

Recipe

材料

氫氧化鈉溶液 薰衣草純露212g、氫氧化鈉（純度98%、減鹼5%）93g

基底油 椰子油100g、棕櫚油100g、橄欖油200g、大麻籽油30g、酪梨脂30g、聖約翰草油（浸泡向日葵種子）50g、甜杏仁油100g、小麥胚芽油55g

添加物 乳油木果脂30g、橄欖葉粉50g、天然萃取物10滴

精油 薰衣草精油20滴、德國洋甘菊精油15滴、苦橙葉精油10滴

1. 按照配方量好椰子油、棕櫚油、橄欖油、大麻籽油、酪梨脂、聖約翰草油、甜杏仁油和小麥胚芽油的分量後，倒入不鏽鋼容器內，加熱至45～55℃。

2. 將薰衣草純露倒入玻璃燒杯中，把氫氧化鈉加至薰衣草純露中，製成氫氧化鈉溶液。

3. 氫氧化鈉溶液加熱至45～55℃之後，慢慢倒入步驟1中，混合均勻。

4. 當溶液呈現濃稠狀態（Trace）之後，加入添加物和精油，仔細攪拌均勻。

5. 等溶液變得更濃稠之後，將硫酸紙或塑膠鋪在肥皂模內，倒入肥皂液。

6. 用保鮮膜或塑膠包覆肥皂模，再用毛巾包覆住保溫，幫助肥皂皂化。

7. 兩天後將肥皂脫模，切成你想要的大小。

8. 肥皂必須保管在陰涼通風良好的地方，經過6週的乾燥、熟成之後，測試pH值之後即可使用。

Tip

● 步驟3有一定程度之危險性，需小心操作。

● 在肥皂模內鋪硫酸紙（烘焙紙）或塑膠，是為了方便日後容易脫模，若使用矽膠模則可不用此步驟。

● 本書的萃取物部分建議使用DF萃取物，由於台灣不易取得，建議使用適合個人的天然植物萃取物，或是絲柏精油代替。

各年齡的精油參考用量

5～7歲 薰衣草精油60滴、檀香精油15滴、玫瑰草精油30滴

酪梨嬰幼兒香皂

使用酪梨油和酪梨脂製成的香皂，適合乾性肌膚與敏感性肌膚。此款香皂洗淨力適中，可以用於清洗臉部及全身。其中更添加了蜂蜜、蜂膠和維他命E，增加保濕力。

CP 類型

 材料

氫氧化鈉溶液 海洋深層水253g、氫氧化鈉（純度98%）116g

基底油 酪梨油200g、酪梨脂200g、椰子油250g、蓖麻油100g

添加物 維他命E 10g、蜂蜜20g、蜂膠10g、天然萃取物20滴

精油 薰衣草精油40滴、檀香精油10滴、玫瑰草精油20滴

Recipe

1. 按照配方量好酪梨油、酪梨脂、椰子油和蓖麻油的分量後，倒入不鏽鋼容器內，加熱至45～55℃。

2. 將海洋深層水倒入玻璃燒杯中，把氫氧化鈉加至海洋深層水中，製成氫氧化鈉溶液。

3. 氫氧化鈉溶液加熱至45～55℃之後，慢慢倒入步驟1中，混合均勻。

4. 當溶液呈現濃稠狀態（Trace）之後，加入添加物和精油，仔細攪拌均勻。

5. 等溶液變得更濃稠之後，將硫酸紙或塑膠鋪在肥皂模內，倒入肥皂液。

6. 用保鮮膜或塑膠包覆肥皂模，再用毛巾包覆住保溫，幫助肥皂皂化。

7. 兩天後將肥皂脫模，切成你想要的大小。

8. 肥皂必須保管在陰涼通風良好的地方，經過6週的乾燥、熟成之後，測試pH值之後即可使用。

 Tip

● 步驟3有一定程度之危險性，需小心操作。

● 在肥皂模內鋪硫酸紙（烘焙紙）或塑膠，是為了方便日後容易脫模，若使用矽膠模則可不用此步驟。

● 本書的萃取物部分建議使用DF萃取物，由於台灣不易取得，建議使用適合個人的天然植物萃取物，或是絲柏精油代替。

綠色純淨幼兒香皂

適合乾性肌膚、敏感性肌膚和異位性皮膚炎寶寶使用的純淨天然香皂，內含豐富的營養成分。此款香皂的保濕力和洗淨力適中，媽媽和孩子可以一起使用。

 材料

氫氧化鈉溶液 海洋深層水253g、氫氧化鈉（純度98%）116g

基底油 酪梨油200g、大麻籽油100g、瓊崖海棠油100g、南瓜籽油100g、蓖麻油100g、椰子油250g

添加物 橄欖葉粉30g、竹葉粉30g、雷公根粉30g、菠菜粉20g、桑葉粉20g、天然萃取物20滴

精油 廣藿香精油30滴、德國洋甘菊精油20滴、沒藥精油20滴

1. 按照配方量好酪梨油、大麻籽油、瓊崖海棠油、南瓜籽油、蓖麻油和椰子油的分量後，倒入不鏽鋼容器內，加熱至45～55℃。

2. 將海洋深層水倒入玻璃燒杯中，把氫氧化鈉加至海洋深層水中，製成氫氧化鈉溶液。

3. 氫氧化鈉溶液加熱至45～55℃之後，慢慢倒入步驟1中，混合均勻。

4. 當溶液呈現濃稠狀態（Trace）之後，加入添加物和精油，仔細攪拌均勻。

5. 等溶液變得更濃稠之後，將硫酸紙或塑膠鋪在肥皂模內，倒入肥皂液。

6. 用保鮮膜或塑膠包覆肥皂模，再用毛巾包覆住保溫，幫助肥皂皂化。

7. 兩天後將肥皂脫模，切成你想要的大小。

8. 肥皂必須保管在陰涼通風良好的地方，經過6週的乾燥、熟成之後，測試pH值之後即可使用。

 Tip

- 步驟3有一定程度之危險性，需小心操作。
- 在肥皂模內鋪硫酸紙（烘焙紙）或塑膠，是為了方便日後容易脫模，若使用矽膠模則可不用此步驟。
- 本書的萃取物部分建議使用DF萃取物，由於台灣不易取得，建議使用適合個人的天然植物萃取物，或是絲柏精油代替。

chapter

2

沐浴與按摩
的美好時光

各年齡的精油參考用量

0～2個月 薰衣草精油2滴
3～6個月 薰衣草精油4滴
7～12個月 薰衣草精油4滴、玫瑰草精油2滴
1～2歲 薰衣草精油5滴、玫瑰草精油3滴、
　　　　廣藿香精油2滴
2～4歲 薰衣草精油6滴、玫瑰草精油3滴、
　　　　廣藿香精油2滴、西洋蓍草精油1滴

橄欖卡斯提爾嬰兒洗髮精&沐浴精

本配方使用有機基底與橄欖葉萃取物，完全不會刺激寶寶的肌膚。此款保濕力佳，適合脆弱且乾燥的嬰兒肌膚。沐浴後，肌膚不會有緊繃感。

材料

基底 有機橄欖嬰兒洗髮精&沐浴精基底190g

添加物 迷迭香抗氧化劑2滴、天然維他命E3滴、橄欖萃取物10g、天然萃取物1滴

精油 西洋蓍草精油3滴、薰衣草精油9滴、廣藿香精油2滴、玫瑰草精油4滴

Recipe

1 先用酒精消毒要使用的器具及容器。

2 用燒杯測量有機橄欖嬰兒洗髮精&沐浴精基底的分量。

3 添加物與精油加至基底之後，用湯匙仔細攪拌。

4 倒入已消毒的容器中，貼上標籤即完成。

使用方法 本產品不含界面活性劑，所以不易起泡。使用時不需使用太多分量，倒出約錢幣大小般的分量，充分搓揉出泡沫之後即可使用。

Tip 本書的萃取物部分建議使用DF萃取物，由於台灣不易取得，建議使用適合個人的天然植物萃取物，或是絲柏精油代替。

各年齡的精油參考用量

3～6個月 羅馬洋甘菊精油4滴

7～12個月 羅馬洋甘菊精油5滴、薰衣草
精油1滴

1～2歲 羅馬洋甘菊精油8滴、薰衣草精油
2滴

2～4歲 羅馬洋甘菊精油13滴、薰衣草精
油3滴

5～7歲 羅馬洋甘菊精油16滴、薰衣草精
油4滴

泡泡洗髮精&沐浴精

本配方使用無刺激性的有機嬰兒洗髮精基底製成洗髮與沐浴兩用的產品，適合頭髮柔軟細緻的寶寶使用。洋甘菊成分能夠放鬆寶寶的身體及內心，睡前使用可以幫助睡眠。

Recipe

1. 先用酒精消毒要使用的器具及容器。

2. 用燒杯測量有機橄欖嬰兒洗髮精&沐浴精基底的分量。

3. 放入洋甘菊純露和添加物之後，用湯匙小心攪拌，不可攪拌至起泡。

4. 倒入已消毒的容器中，貼上標籤即完成。

 材料

純露 洋甘菊純露95g

基底 有機橄欖嬰兒洗髮精&沐浴精基底100g

添加物 迷迭香抗氧化劑2滴、天然維他命E3滴、洋甘菊萃取物5g、天然萃取物1滴

使用方法 此為泡沫型的洗髮與沐浴兩用產品，當你想要使用比一般洗髮精或沐浴精更輕爽的產品時，此產品為最佳選擇。

Tip 本書的萃取物部分建議使用DF萃取物，由於台灣不易取得，建議使用適合個人的天然植物萃取物，或是絲柏精油代替。

薰衣草白泥沐浴球

使用傑出鎮靜效果的白泥、以卓越保濕力聞名的乳油木果脂,以及薰衣草精油製成的保濕沐浴球。每次洗澡時使用一顆沐浴球,肌膚更加水嫩。濃郁的香氣也能放鬆你的心情。

適用:出生後即可

(100ml為基準)

含金素的精油用量基準

0～2個月 不使用,或只使用1滴
3～6個月 可使用4滴
7～12個月 可使用7滴
1～2歲 可使用10滴
2～4歲 可使用13滴
5～7歲 可使用16滴

材料

0～2個月

主材料 小蘇打100g、檸檬酸50g

添加物 白泥20g、乳油木果脂20g

精油 薰衣草精油1滴、羅馬洋甘菊精油1滴

噴灑用溶液 洋甘菊或薰衣草純露

3～6個月

主材料 小蘇打100g、檸檬酸50g

添加物 白泥20g、乳油木果脂20g、薰衣草粉5g

精油 薰衣草精油4滴、羅馬洋甘菊精油4滴

噴灑用溶液 洋甘菊或薰衣草純露

7～12個月

主材料 小蘇打100g、檸檬酸50g

添加物 白泥20g、乳油木果脂20g、薰衣草粉5g

精油 薰衣草精油8滴、羅馬洋甘菊精油6滴

噴灑用溶液 洋甘菊或薰衣草純露

1～2歲

主材料 小蘇打100g、檸檬酸50g

添加物 白泥20g、乳油木果脂20g、薰衣草粉10g

精油 薰衣草精油12滴、羅馬洋甘菊精油6滴、金盞花CO2精油2滴

噴灑用溶液 洋甘菊或薰衣草純露

2～4歲

主材料 小蘇打100g、檸檬酸50g

添加物 白泥20g、乳油木果脂20g、薰衣草粉10g

精油 薰衣草精油16滴、羅馬洋甘菊精油6滴、金盞花CO2精油4滴

噴灑用溶液 洋甘菊或薰衣草純露

5～7歲

主材料 小蘇打100g、檸檬酸50g

添加物 白泥20g、乳油木果脂20g、薰衣草粉10g

精油 薰衣草精油20滴、羅馬洋甘菊精油8滴、金盞花CO2精油4滴

噴灑用溶液洋 甘菊或薰衣草純露

1. 先用酒精消毒要使用的器具及容器。

2. 準備一個大碗，放入小蘇打、檸檬酸、白泥、薰衣草粉，仔細攪拌均勻。

3. 將乳油木果脂溶至步驟2，仔細攪拌以防結塊。

4. 加入精油後攪拌。

5. 使用噴霧器噴灑純露，接著倒入肥皂模，抓出每次使用的分量。

6. 將沐浴球放至陰涼處，等水分揮發結塊之後，用保鮮膜包覆隔絕空氣。

使用方法 浴缸內放入適量的熱水之後，放入一顆沐浴球，即可泡澡。泡完澡之後，再用清水沖洗身體一次。

Tip ● 可以代替金盞花CO2精油的是：羅馬洋甘菊精油、德國洋甘菊精油。

荷荷巴嬰兒沐浴油

洗澡時使用沐浴油的話，洗完澡之後即使不擦上保溼產品，肌膚依然可以保持水嫩。特別是荷荷巴油除了優秀的保濕力與抗菌效果之外，它的結構與皮脂相近，能夠滲透肌膚幫助肌膚排出廢物。

適用：出生後即可

3～6個月 可使用4滴
7～12個月 可使用7滴
1～2歲 可使用10滴
2～4歲 可使用13滴
5～7歲 可使用16滴

材料

0～2個月

基底油 黃金荷荷巴油100g

添加物 天然維他命E 1g、水性橄欖油（Olivem）25g

精油 不使用

3～6個月

基底油 黃金荷荷巴油90g、月見草油10g

添加物 天然維他命E 1g、水性橄欖油（Olivem）25g

精油 薰衣草或羅馬洋甘菊精油4滴

7～12個月

基底油 黃金荷荷巴油90g、月見草油10g

添加物 天然維他命E 1g、水性橄欖油（Olivem）25g

精油 橘子精油4滴、苦橙葉精油3滴

1～2歲

基底油 黃金荷荷巴油90g、月見草油10g

添加物 天然維他命E 1g、水性橄欖油（Olivem）25g

精油 尤加利精油6滴、廣藿香精油4滴

2~4歲

基底油 黃金荷荷巴油90g、月見草油10g

添加物 天然維他命E 1g、水性橄欖油（Olivem）25g

精油 天竺葵精油5滴、金盞花CO2精油4滴、馬鬱蘭精油4滴

5~7歲

基底油 黃金荷荷巴油90g、月見草油10g

添加物 天然維他命E 1g、水性橄欖油（Olivem）25g

精油 檀香精油6滴、乳香精油5滴、永久花精油5滴

Recipe

1. 先用酒精消毒要使用的器具及容器。

2. 用燒杯測量基底油和水性橄欖油的分量。

3. 倒入準備好的材料，用湯匙仔細攪拌。

4. 倒入已消毒的容器中，貼上標籤即完成。

使用方法 幫寶寶洗澡的時候，放入一匙沐浴油到浴缸。泡完澡之後，再用清水沖洗身體一次。

Tip

※ 可以代替金盞花CO2精油的是：羅馬洋甘菊精油、德國洋甘菊精油。

茶樹抗菌頭皮養護膜

此配方是幫助寶寶頭皮清爽、乾淨的頭皮專用養護膜。特別添加抗菌效果的茶樹精油，可以幫助改善有頭皮屑困擾的頭皮。

適用：出生後即可

精油參考用量
3～6個月 可使用1滴
7～12個月 可使用3滴
1～2歲 可使用5滴
2～4歲 可使用7滴
5～7歲 可使用9滴

材料

0～2個月

純露 甘菊純露50g

基底油 黃金荷荷巴油10g、橄欖油10g、甜杏仁油3g

乳化劑 橄欖乳化蠟4g

添加物 玻尿酸5g、綠色礦泥20g

精油 不使用

3～6個月

純露 甘菊純露50g

基底油 黃金荷荷巴油10g、月見草油10g、小麥胚芽油3g

乳化劑 橄欖乳化蠟4g

添加物 玻尿酸5g、綠色礦泥20g

精油 茶樹精油1滴

7～12個月

純露 甘菊純露50g

基底油 黃金荷荷巴油10g、金盞花浸泡油10g、小麥胚芽油3g

乳化劑 橄欖乳化蠟4g

添加物 玻尿酸5g、綠色礦泥20g

精油 茶樹精油3滴

1～2歲

純露 甘菊純露50g

基底油 黃金荷荷巴油10g、
芝麻油10g、小麥胚芽油3g

乳化劑 橄欖乳化蠟4g

添加物 玻尿酸5g、綠色礦泥
20g

精油 茶樹精油5滴

2～4歲

純露 甘菊純露50g

基底油 黃金荷荷巴油10g、
榛子油10g、小麥胚芽油3g

乳化劑 橄欖乳化蠟4g

添加物 玻尿酸5g、綠色礦泥
20g

精油 茶樹精油7滴

5～7歲

純露 甘菊純露50g

基底油 黃金荷荷巴油10g、
綠茶籽油10g、小麥胚芽油3g

乳化劑 橄欖乳化蠟4g

添加物 玻尿酸5g、綠色礦泥
20g

精油 茶樹精油9滴

Recipe

1 先用酒精消毒要使用的器具及容器。

2 用燒杯測量基底油的分量。

3 將乳化劑加至步驟2，使用電磁爐低溫加熱融化乳化劑。

4 用燒杯測量純露的分量，使用電磁爐低溫加熱。

5 當步驟3和4的溫度到達70～75℃之際，把4倒入3。（上層
為油，下層為水）

6 使用勺子和小型攪拌器往同一個方向攪拌。

7 等到稍微濃稠之後，放入添加物和精油，繼續仔細攪拌。

8 倒入已消毒的容器中，貼上標籤即完成。

使用方法 在寶寶睡覺前充分塗抹在頭皮上，第二天再用嬰兒洗髮
精清洗頭髮。

蘆薈按摩凝膠

此按摩膠可以用於水分不足的乾性肌膚、受刺激而發紅的肌膚或是過度日曬的肌膚。它不像按摩油那般油膩，能夠馬上被肌膚吸收不殘留，討厭油膩感的寶寶也可以安心使用。

適用：出生後即可

各年齡的精油使用量
0～2個月 不使用，或只使用1滴
3～6個月 可使用1滴
7～12個月 可使用3滴
1～2歲 可使用5滴
2～4歲 可使用7滴
5～7歲 可使用9滴

材料

0～2個月

主材料 蘆薈膠90g

添加物 薰衣草純露5g、玻尿酸5g、迷迭香抗氧化劑2滴

精油 不使用

3～6個月

主材料 蘆薈膠90g

添加物 薰衣草純露5g、玻尿酸5g、迷迭香抗氧化劑2滴

精油 薰衣草精油1滴

7～12個月

主材料 蘆薈膠90g

添加物 薰衣草純露5g、玻尿酸5g、迷迭香抗氧化劑2滴

精油 薰衣草精油3滴

1～2歲

主材料 蘆薈膠90g

添加物 薰衣草純露5g、玻尿酸5g、迷迭香抗氧化劑2滴、尿囊素1g

精油 薰衣草精油5滴

2～4歲

主材料 蘆薈膠90g

添加物 薰衣草純露5g、玻尿酸5g、迷迭香抗氧化劑2滴、尿囊素1g

精油 薰衣草精油7滴

5～7歲

主材料 蘆薈膠90g

添加物 薰衣草純露5g、玻尿酸5g、迷迭香抗氧化劑2滴、尿囊素1g

精油 薰衣草精油9滴

ReCipe

1 先用酒精消毒要使用的器具及容器。

2 用燒杯測量蘆薈膠和薰衣草純露的分量。

3 放入添加物和精油，仔細攪拌。

4 倒入已消毒的容器中，貼上標籤即完成。

使用方法 平時冷藏保管，要使用時取適量放於掌心，等到稍微回溫後再使用。當肌膚十分乾燥的時候，在使用按摩油之前最好先擦上少許按摩凝膠。

各年齡幼兒精油參考用量

3～6個月 薰衣草精油2滴
7～12個月 薰衣草精油2滴、橘子精油1滴
1～2歲 薰衣草精油3滴、橘子精油2滴
2～4歲 薰衣草精油4滴、橘子精油3滴
5～7歲 薰衣草精油5滴、橘子精油4滴

甜杏仁嬰兒按摩油

以有機甜杏仁油製成的按摩油，可以提高肌膚保濕力，以及輕柔包覆寶寶脆弱的肌膚。此配方可以有效減緩肌膚發癢症狀，適合乾性肌膚的寶寶使用。

 材料
基底油 甜杏仁油100g
添加物 天然維他命E 1g、迷迭香抗氧化劑2滴

1 先用酒精消毒要使用的器具及容器。
2 用燒杯測量甜杏仁油的分量。
3 放入添加物，用湯匙仔細攪拌。
4 倒入已消毒的容器中，貼上標籤即完成。

使用方法 寶寶洗完澡，在睡覺之前使用少量按摩油進行全身按摩。先將按摩油倒在手掌心，等到按摩油稍微回溫之後再輕輕按摩寶寶的肌膚。

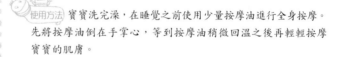

 按摩油與精油混合後使用效果更佳，請按照精油的功效以及適合寶寶年齡的用量來添加。

— 增加免疫力和預防感冒：尤加利樹精油、茶樹精油
— 幫助入眠：薰衣草精油、橘子精油、羅馬洋甘菊精油

各年齡階段精油參考用量

7～12個月 橙花精油2滴、檀香精油1滴
1～2歲 橙花精油3滴、檀香精油2滴
2～4歲 橙花精油4滴、檀香精油2滴
5～7歲 橙花精油5滴、檀香精油3滴

杏仁嬰兒乳霜

此配方使用甜杏仁油，它能輕柔地滲透至肌膚，滋潤乾燥肌膚。此乳霜比一般乳液含有更多水分，保濕力佳，使用後清爽不黏膩，非常適合寶寶使用。

 材料

純露 橙花純露70g

基底油 甜杏仁油7g、黃金荷荷巴油5g、杏仁脂3g

乳化劑 橄欖乳化蠟2g

添加物 水溶性甜菜鹼2g、玻尿酸1g、迷迭香抗氧化劑2滴、尿囊素1g、蘆薈膠5g、甘菊萃取物2g、蜂膠1g

精油 橙花精油1滴、檀香精油1滴

1. 先用酒精消毒要使用的器具及容器。
2. 使用200ml燒杯測量甜杏仁油、黃金荷荷巴油和杏仁脂的分量。
3. 將乳化劑加至步驟2，使用電磁爐低溫加熱融化乳化劑。
4. 使用100ml燒杯測量橙花純露的分量，並以電磁爐加熱。
5. 當步驟3和4的溫度到達70～75℃之際，把4倒入3。（上層為油，下層為水）
6. 使用勺子和小型攪拌器往同一個方向攪拌。
7. 等到稍微濃稠之後，放入添加物和精油，繼續仔細攪拌。
8. 倒入已消毒的容器中，貼上標籤即完成。

使用方法 此乳霜適合用於身體，肌膚感到乾燥時取適量乳霜使用。使用後充分按摩幫助肌膚吸收。

各年齡的精油參考用量

5~7歲 橙花精油3滴、檀香精油1滴、薰
衣草精油4滴

月見草嬰兒乳霜

月見草油可以增加皮膚自身治癒力，而黃金荷荷巴油可以預防皮膚乾燥且不會造成負擔。白芒花籽油可以幫助形成透明鎖水膜，並有抗氧化的功效。此配方適合敏感性肌膚，並且添加可提高免疫力的蜂膠，對異位性皮膚炎也有效果。

材料

純露 甘菊純露65g

基底油 月見草油7g、黃金荷荷巴油5g、白芒花籽油5g

乳化劑 橄欖乳化蠟4g

添加物 水溶性甜菜鹼2g、玻尿酸1g、迷迭香抗氧化劑2滴、尿囊素1g、蘆薈膠10g、甘菊萃取物2g、蜂膠1g

精油 橙花精油2滴、檀香精油1滴、薰衣草精油3滴

1. 先用酒精消毒要使用的器具及容器。

2. 使用200ml燒杯測量月見草油、黃金荷荷巴油和白芒花籽油的分量。

3. 將乳化劑加至步驟2，使用電磁爐低溫加熱融化乳化劑。

4. 使用100ml燒杯測量甘菊純露的分量，並以電磁爐加熱。

5. 當步驟3和4的溫度到達70～75℃之際，把4倒入3。（上層為油，下層為水）

6. 使用勺子和小型攪拌器往同一個方向攪拌。

7. 等到稍微濃稠之後，放入添加物和精油，繼續仔細攪拌。

8. 倒入已消毒的容器中，貼上標籤即完成。

使用方法 此乳霜適合用於身體，肌膚感到乾燥時取適量乳霜使用。使用後充分按摩幫助肌膚吸收。

各年齡的精油參考用量

7～12個月 德國洋甘菊精油1滴、羅馬洋
甘菊精油2滴

1～2歲 德國洋甘菊精油1滴、羅馬洋甘菊
精油2滴、薰衣草精油2滴

2～4歲 德國洋甘菊精油1滴、羅馬洋甘菊
精油3滴、薰衣草精油2滴

5～7歲 德國洋甘菊精油1滴、羅馬洋甘菊
精油4滴、薰衣草精油3滴

有機橄欖嬰兒乳霜

此配方使用含有豐富蛋白質、維他命、礦物質和必需脂肪酸的橄欖油，以及不會造成肌膚負擔並且防止肌膚乾燥的黃金荷荷巴油。使用植物性乳化劑，對敏感性肌膚更佳。

 材料

純露 薰衣草純露60g

基底油 特級初榨橄欖油10g、黃金荷荷巴油7g、小麥胚芽油3g

乳化劑 橄欖乳化蠟6g、末精製蜜蠟1g

添加物 水溶性甜菜鹼2g、玻尿酸1g、迷迭香抗氧化劑2滴、尿囊素1g、蘆薈膠10g、甘菊萃取物2g、蜂膠1g

精油 德國洋甘菊精油1滴、羅馬洋甘菊精油1滴

1. 先用酒精消毒要使用的器具及容器。

2. 使用200ml燒杯測量特級初榨橄欖油、黃金荷荷巴油和小麥胚芽油的分量。

3. 將乳化劑加至步驟2，使用電磁爐低溫加熱融化乳化劑。

4. 使用100ml燒杯測量薰衣草純露的分量，並以電磁爐加熱。

5. 當步驟3和4的溫度到達70～75℃之際，把4倒入3。（上層為油，下層為水）

6. 使用勺子和小型攪拌器往同一個方向攪拌。

7. 等到稍微濃稠之後，放入添加物和精油，繼續仔細攪拌。

8. 倒入已消毒的容器中，貼上標籤即完成。

使用方法 當寶寶臉部或身體乾燥的時候，隨時可以使用。如果使用乳霜幫寶寶按摩，效果更佳。

乳油木果身體奶油霜

肌膚特別乾燥且敏感的寶寶適合使用比乳液、乳霜更黏稠的奶油類型保濕產品。使用乳油木果脂製成奶油霜可以在乾燥且敏感的肌膚上形成天然保護膜，防止肌膚水分流失。

適用：出生後即可

材料

0～2個月

主材料 乳油木果脂50g

基底油 甜杏仁油42g

天然蠟 蜂蠟8g

添加物 迷迭香抗氧化劑2滴、維他命E 3滴

精油 羅馬洋甘菊精油1滴(不使用，或只使用1滴)

3～6個月

主材料 乳油木果脂50g

基底油 金盞花浸泡油32g、月見草油10g

天然蠟 甜杏仁蠟8g

添加物 迷迭香抗氧化劑2滴、維他命E 3滴

精油 羅馬洋甘菊精油2滴

7～12個月

主材料 乳油木果脂50g

基底油 金盞花浸泡油32g、月見草油10g

天然蠟 甜杏仁蠟8g

添加物 迷迭香抗氧化劑2滴、維他命E 3滴

精油 羅馬洋甘菊精油2滴、桔精油1滴

1～2歲

主材料 乳油木果脂50g

基底油 金盞花浸泡油32g、
月見草油10g

天然蠟 甜杏仁蠟8g

添加物 迷迭香抗氧化劑2滴、
維他命E 3滴

精油 羅馬洋甘菊精油3滴、苦
橙葉精油2滴

2～4歲

主材料 乳油木果脂50g

基底油 金盞花浸泡油32g、
月見草油10g

天然蠟 甜杏仁蠟8g

添加物 迷迭香抗氧化劑2滴、
維他命E 3滴

精油 羅馬洋甘菊精油4滴、金
盞花CO2精油2滴

5～7歲

主材料 乳油木果脂50g

基底油 金盞花浸泡油32g、
月見草油10g

天然蠟 甜杏仁蠟8g

添加物 迷迭香抗氧化劑2滴、
維他命E 3滴

精油 羅馬洋甘菊精油6滴、永
久花精油2滴

Recipe

1 先用酒精消毒要使用的器具及容器。

2 使用200ml燒杯測量乳油木果脂和基底油的分量。

3 將乳化劑加至步驟2，使用電磁爐低溫加熱融化乳化劑。

4 當步驟3到達50℃之後，倒入添加物和精油，用湯匙仔細攪
拌。

5 倒入已消毒的容器中，貼上標籤即完成。

使用方法 在寶寶睡前使用，可以防止寶寶肌膚流失水分。此奶油
霜勿使用於臉部，只能用於身體。

Tip 可以代替金盞花CO2精
油的是：羅馬洋甘菊精
油、德國洋甘菊精油。

桔橙花身體膏

如果寶寶屬於乾性肌膚，或是睡覺時容易皮膚發癢的話，應該要使用保濕力強的膏狀產品。膏狀的護膚產品可以在乾燥且敏感的肌膚上形成天然保護膜，保護肌膚、防止水分流失。

適用：出生後即可

各年齡的精油參考用量
0～2個月 不使用，或只使用1滴
3～6個月 可使用2滴
7～12個月 可使用3滴
1～2歲 可使用5滴
2～4歲 可使用7滴
5～7歲 可使用9滴

材料

0～2個月

主材料 乳油木果脂40g

基底油 荷荷巴油45g

天然蠟 蜂蠟10g、甜杏仁蠟5g

添加物 迷迭香抗氧化劑2滴、維他命E 3滴

精油 橙花精油1滴（不使用，或只使用1滴）

3～6個月

主材料 乳油木果脂40g

基底油 月見草油40g、小麥胚芽油5g

天然蠟 蜂蠟10g、甜杏仁蠟5g

添加物 迷迭香抗氧化劑2滴、維他命E 3滴

精油 桔精油1滴、橙花精油1滴

7～12個月

主材料 乳油木果脂30g、大麻籽脂10g

基底油 金盞花浸泡油40g、小麥胚芽油5g

天然蠟 蜂蠟10g、甜杏仁蠟5g

添加物 迷迭香抗氧化劑2滴、維他命E 3滴

精油 桔精油1滴、橙花精油2滴

1～2歲

主材料 乳油木果脂30g、酪梨脂10g

基底油 金盞花浸泡油40g、小麥胚芽油5g

天然蠟 蜂蠟10g、甜杏仁蠟5g

添加物 迷迭香抗氧化劑3滴、維他命E 3滴

精油 桔精油2滴、橙花精油2滴

2～4歲

主材料 乳油木果脂30g、椰子脂10g

基底油 金盞花浸泡油40g、小麥胚芽油5g

天然蠟 蜂蠟10g、甜杏仁蠟5g

添加物 迷迭香抗氧化劑2滴、維他命E 3滴

精油 桔精油3滴、橙花精油4滴

5～7歲

主材料 乳油木果脂30g、芒果脂10g

基底油 金盞花浸泡油40g、小麥胚芽油5g

天然蠟 蜂蠟10g、甜杏仁蠟5g

添加物 迷迭香抗氧化劑2滴、維他命E 3滴

精油 桔精油4滴、橙花精油5滴

1. 先用酒精消毒要使用的器具及容器。

2. 使用200ml燒杯測量乳油木果脂和基底油的分量。

3. 將乳化劑加至步驟2，使用電磁爐低溫加熱融化乳化劑。

4. 當步驟3到達50℃之後，倒入添加物和精油，用湯匙攪拌均勻。

5. 倒入已消毒的容器中，貼上標籤即完成。

使用方法 在寶寶睡覺之前，在乳液或乳霜之後使用。請勿使用於臉部，只能用於身體。

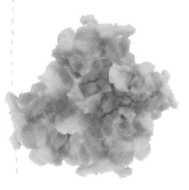

chapter

3

呵護寶寶的
多功能天然保養品

不同年齡的精油參考用量
7～12個月 薰衣草精油3滴
1～2歲 薰衣草精油5滴
2～4歲 薰衣草精油6滴
5～7歲 薰衣草精油8滴

薰衣草嬰兒防曬乳

二氧化鈦有隔離紫外線的功效，氧化鋅可以反射紫外線、保護肌膚。香甜的蜜蠟和舒緩身心的薰衣草香氣能夠放鬆寶寶的心情。此款防曬乳滲透力佳，使用後不會殘有黏膩感。

 材料

純露 薰衣草純露55g

基底油 黃金荷荷巴油12g、乳油木果脂15g

乳化劑 橄欖乳化蠟6g、末精製蜜蠟1g

添加物 水溶性甜菜鹼2g、玻尿酸1g、迷迭香抗氧化劑2滴、尿囊素1g、蘆薈膠3g、二氧化鈦3g、氧化鋅2g

精油 薰衣草精油2滴

1. 先用酒精消毒要使用的器具及容器。
2. 使用200ml燒杯測量黃金荷荷巴油和乳油木果脂的分量。
3. 將乳化劑加至步驟2，使用電磁爐低溫加熱融化乳化劑。
4. 使用100ml燒杯測量薰衣草純露的分量，並以電磁爐加熱。
5. 當步驟3和4的溫度到達70～75℃之際，把4倒入3。（上層為油，下層為水）
6. 使用勺子和小型攪拌器往同一個方向攪拌。
7. 等到稍微濃稠之後，放入添加物和精油，繼續仔細攪拌。
8. 倒入已消毒的容器中，貼上標籤即完成。

使用方法 用小刮勺取少量防曬乳於掌心，等到防曬乳回溫之後再使用。請在擦完乳液後，或是洗完澡身體殘有水分的時候使用才不會結塊。

各年齡的精油參考用量

3～6個月 桔精油2滴
7～12個月 桔精油4滴
1～2歲 桔精油6滴
2～4歲 桔精油12滴
5～7歲 桔精油16滴

乳油木果嬰兒護唇膏

可以隔離紫外線及外部刺激，保護唇部肌膚的護唇膏。乳油木果和荷荷巴油具有保濕和隔離紫外線的效果，可以快速被肌膚吸收，持續滋潤寶寶的唇部肌膚。

 材料

基底油 未精製乳油木果脂60g、黃金荷荷巴油80g

乳化劑 未精製蜂蠟28g、杏仁蠟12g

添加物 迷迭香抗氧化劑4滴、維他命E 8滴

1. 先用酒精消毒要使用的器具及容器。

2. 使用100ml燒杯測量乳油木果脂和黃金荷荷巴油的分量。

3. 將乳化劑加至步驟2，使用電磁爐低溫加熱融化乳化劑。

4. 當步驟3到達50℃之後，倒入添加物和精油，用湯匙仔細攪拌。

5. 倒入已消毒的容器中，貼上標籤即完成。

 使用方法 用手指沾取適量護唇膏塗在寶寶唇部，請注意不要塗抹過量。

7～12個月 橙花精油3滴
1～2歲 橙花精油5滴
2～4歲 橙花精油6滴
5～7歲 橙花精油8滴

Good morning

So lovely..

橙花舒緩嫩膚露

使用橙花純露製成的嫩膚露，可以鎮靜寶寶易受刺激的肌膚，調節肌膚水平衡。橄欖葉萃取物具有強效抗菌效果，保護肌膚免受病毒與細菌侵襲，防止肌膚氧化。

 材料

純露 橙花純露95g

萃取物 橄欖葉萃取物5g

添加物 水性橄欖油 (Olivem)
5滴、迷迭香抗氧化劑2滴

精油 橙花精油2滴

1 先用酒精消毒要使用的器具及容器。

2 將添加物和精油放入200ml燒杯，仔細攪拌。

3 倒入橙花純露，用湯匙仔細攪拌。

4 放入萃取物，仔細攪拌。

5 倒入已消毒的容器中，貼上標籤即完成。

使用方法 使用適量的嫩膚露滋潤肌膚，如果寶寶不喜歡噴霧器的話，媽媽可以先倒在手掌上再幫寶寶擦上。

容器中精油的稀釋參考用量
7～12個月 薰衣草精油3滴、茶樹3滴
1～2歲 薰衣草精油5滴、茶樹5滴
2～4歲 薰衣草精油8滴、茶樹8滴
5～7歲 薰衣草精油10滴、茶樹10滴

茶樹抗菌噴霧

以純露為原料的抗菌噴霧，可以改善有害環境，守護寶寶的健康。茶樹純露可以抵擋各種細菌，另外還添加扁柏萃取物，可以安心給寶寶使用。

材料

純露 茶樹純露90g、薰衣草純露90g

萃取物 扁柏萃取物10g

添加物 水性橄欖油(Olivem)4滴、迷迭香抗氧化劑4滴、玻尿酸4g、水溶性甜菜鹼4g

精油 薰衣草精油2滴、茶樹精油2滴

1. 先用酒精消毒要使用的器具及容器。
2. 將水性橄欖油、迷迭香抗氧化劑和精油放入200ml燒杯，仔細攪拌。
3. 倒入茶樹純露和薰衣草純露，用湯匙仔細攪拌。
4. 放入萃取物和剩餘添加物，仔細攪拌。
5. 倒入已消毒的容器中，貼上標籤即完成。

使用方法 寶寶使用的用品在清潔過後，最後噴上茶樹抗菌噴霧，放在太陽底下自然乾燥。寶寶洗完手之也後也可以灑上少許茶樹抗菌噴霧，等肌膚自然吸收或是用布擦去水分。

 需將水性橄欖油和精油等比例調配。

薰衣草尿布疹乳霜

乳油木果脂和甜杏仁油可以保護寶寶易發疹的臀部。特別是乳油木果脂具有鎮靜發疹部位的效果,而具有抗菌力的芳香精油可以保護寶寶遠離各種細菌。

適用:出生後即可

0~2個月 不使用,或只使用1滴
3~6個月 可使用2滴
7~12個月 可使用3滴
1~2歲 可使用5滴
2~4歲 可使用7滴
5~7歲 可使用9滴

材料

0~2個月

純露 洋甘菊純露65g

基底油 甜杏仁油10g、乳油木果脂11g

乳化劑 橄欖乳化蠟6g、未精製蜂蠟1g

添加物 玻尿酸1g、迷迭香抗氧化劑2滴、蘆薈膠8g

精油 薰衣草精油1滴

3~6個月

純露 洋甘菊純露65g

基底油 金盞花浸泡油10g、小麥胚芽油3g、乳油木果脂8g

乳化劑 橄欖乳化蠟6g、未精製蜂蠟1g

添加物 水溶性甜菜鹼2g、玻尿酸1g、迷迭香抗氧化劑2滴、尿囊素1g、蘆薈膠3g、猴麵包樹萃取物2g

精油 薰衣草精油2滴

7~12個月

純露 洋甘菊純露65g

基底油 月見草油10g、小麥胚芽油3g、乳油木果脂8g

乳化劑 橄欖乳化蠟6g、未精製蜂蠟1g

添加物 水溶性甜菜鹼2g、玻尿酸1g、迷迭香抗氧化劑2滴、尿囊素1g、蘆薈膠3g、猴麵包樹萃取物2g

精油 薰衣草精油3滴

1～2歲

純露 洋甘菊純露65g

基底油 山茶花油10g、小麥胚芽油3g、乳油木果脂8g

乳化劑 橄欖乳化蠟6g、未精製蜂蠟1g

添加物 水溶性甜菜鹼2g、玻尿酸1g、迷迭香抗氧化劑2滴、尿囊素1g、蘆薈膠3g、猴麵包樹萃取物2g

精油 薰衣草精油5滴

2～4歲

純露 洋甘菊純露65g

基底油 芝麻油10g、小麥胚芽油3g、乳油木果脂8g

乳化劑 橄欖乳化蠟6g、未精製蜂蠟1g

添加物 水溶性甜菜鹼2g、玻尿酸1g、迷迭香抗氧化劑2滴、尿囊素1g、蘆薈膠3g、猴麵包樹萃取物2g

精油 薰衣草精油7滴

5～7歲

純露 洋甘菊純露65g

基底油 綠茶籽油10g、小麥胚芽油3g、乳油木果脂8g

乳化劑 橄欖乳化蠟6g、未精製蜂蠟1g

添加物 水溶性甜菜鹼2g、玻尿酸1g、迷迭香抗氧化劑2滴、尿囊素1g、蘆薈膠3g、猴麵包樹萃取物2g

精油 薰衣草精油9滴

Recipe

1. 先用酒精消毒要使用的器具及容器。

2. 使用200ml燒杯測量乳油木果脂和基底油的分量。

3. 將乳化劑加至步驟2，使用電磁爐低溫加熱融化乳化劑。

4. 使用100ml燒杯測量洋甘菊純露的分量，並以電磁爐加熱。

5. 當步驟3和4的溫度到達70～75℃之際，把4倒入3。（上層為油，下層為水）

6. 使用勺子和小型攪拌器往同一個方向攪拌。

7. 等到稍微濃稠之後，放入添加物和精油，繼續仔細攪拌。

8. 倒入已消毒的容器中，貼上標籤即完成。

使用方法 發疹部位清洗乾淨之後，先用茶樹純露稍微消毒，再塗上發疹用天然乳霜，並輕輕按摩幫助肌膚吸收。

 Tip 可以代替猴麵包樹萃取物的是：馬齒莧萃取物。

7～12個月 薰衣草精油4滴、茶樹精油6滴、天然萃取物2滴

1～2歲 薰衣草精油8滴、茶樹精油12滴、天然萃取物4滴

2～4歲 薰衣草精油12滴、茶樹精油18滴、天然萃取物6滴

5～7歲 薰衣草精油16滴、茶樹精油24滴、天然萃取物8滴

乳油木果軟膏

添加茶樹和薰衣草成分的乳油木果軟膏，可以防止肌膚流失水分，並供給營養，提高肌膚機能。此為天然成分製成的軟膏，可以安心使用，提高肌膚天生的治癒力。

1. 先用酒精消毒使用道具和容器。

2. 使用200ml燒杯計算黃金荷荷巴油和乳油木果脂的分量。

3. 把天然蠟放入步驟2，使用電磁爐低溫加熱使它融化。

4. 當步驟3到達50℃之後，倒入添加物和精油，用湯匙攪拌均勻。

5. 倒入已消毒的容器中，貼上標籤即完成。

 材料

基底油 黃金荷荷巴油35g、末精製乳油木果脂50g

天然蠟 末精製蜜蠟10g、杏仁蠟5g

添加物 迷迭香抗氧化劑2滴、維他命E 1g

精油 薰衣草精油2滴、茶樹精油3滴、天然萃取物1滴

使用方法 如有傷口，可先用茶樹純露消毒傷口，再輕輕塗上軟膏，貼上OK繃。

 Tip 本書的萃取物部分建議使用DF萃取物，由於台灣不易取得，建議使用適合個人的天然植物萃取物，或是絲柏精油代替。

各年齡的精油參考用量
7～12個月 橙花精油3滴、天然萃取物3滴
1～2歲 橙花精油5滴、天然萃取物5滴
2～4歲 橙花精油6滴、天然萃取物6滴
5～7歲 橙花精油8滴、天然萃取物8滴

橙花嬰兒濕紙巾

由橙花精油、蘆薈按摩凝膠和橙花純露製成的低刺激性濕紙巾。全部使用天然材料，寶寶可以安心使用。當寶寶起尿布疹的時候，用濕紙巾擦拭臀部周圍，即可時常保持乾淨及乾爽。

材料

主材料 橙花純露70g、有機棉
（或是醫療用脫脂棉、壓縮脫
脂棉）

添加物 水性橄欖油（Olivem）
2滴、迷迭香抗氧化劑2滴、尿
囊素1g、蘆薈膠25g、玻尿酸
2g

精油 橙花精油2滴、天然萃取
物2滴

1. 先用酒精消毒要使用的器具及容器。

2. 將水性橄欖油、迷迭香抗氧化劑和精油放入200ml燒杯，仔細攪拌。

3. 量好橙花純露的分量，倒入步驟2並仔細攪拌。

4. 放入剩餘的添加物，使用小型攪拌器仔細攪拌。

5. 將有機棉裁成一次使用的大小。

6. 使用容器消毒之後，放入有機棉（脫脂棉），將步驟4倒入讓有機棉充分吸收。

7. 冷藏保管或是放在陰涼處。

使用方法 當寶寶無法洗澡時，適合用濕紙巾來幫寶寶擦澡。請勿製作太多分量，一次製作2～3天分量為佳。請盡可能地放至冰箱保存用。

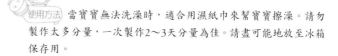

Tip 本書的萃取物部分建議使用DF萃取物，由於台灣不易取得，建議使用適合個人的天然植物萃取物，或是絲柏精油代替。

各年齡的精油參考用量
3～6個月 橙花精油1滴、薰衣草精油1滴
7～12個月 橙花精油1滴、薰衣草精油2滴
1～2歲 橙花精油2滴、薰衣草精油3滴
2～4歲 橙花精油3滴、薰衣草精油5滴
5～7歲 橙花精油4滴、薰衣草精油6滴

白泥嬰兒爽身粉

白泥具有傑出的鎮靜效果，可以幫助易流汗的寶寶保持肌膚乾爽，此嬰兒粉不含任何有害成分，能保護寶寶的肺和臀部。

 材料

主材料 白泥99g

添加物 金盞花粉1g、天然萃取物1滴

精油 薰衣草精油1滴

1 先用酒精消毒要使用的器具及容器。

2 準備一個大碗，放入金盞花粉，仔細磨碎。

3 把白泥放入步驟2中，充分研磨。

4 放入精油和天然萃取物，仔細研磨避免結塊，研磨完成後再攪拌幾次。

5 倒入已消毒的容器中，貼上標籤即完成。

 使用方法　使用尿布疹乳霜之後，輕輕灑上嬰兒粉即可。灑完嬰兒粉之後，請將寶寶肌膚皺摺處的多餘粉末拍掉，避免結塊。

 Tip　本書的萃取物部分建議使用DF萃取物，由於台灣不易取得，建議使用適合個人的天然植物萃取物，或是絲柏精油代替。

適用：0~2個月

各年齡的精油參考用量

3~6個月 橙花尤加利精油3滴、茶樹精油4滴、桃金孃精油3滴

7~12個月 橙花尤加利精油4滴、茶樹精油6滴、桃金孃精油4滴

1~2歲 橙花尤加利精油5滴、茶樹精油8滴、桃金孃精油7滴

2~4歲 橙花尤加利精油6滴、茶樹精油10滴、桃金孃精油9滴

5~7歲 橙花尤加利精油7滴、茶樹精油13滴、桃金孃精油10滴

茶樹空氣清淨劑

使用擁有卓越抗菌力的天然材料，用來製成空氣清淨劑，可以保護寶寶不受空氣中的細菌侵襲。床鋪、地毯、寶寶的衣服和棉被等在日曬的時候，噴灑上茶樹空氣清淨劑更佳。

 材料

純露 茶樹純露70g、檸檬香蜂草純露20g

添加物 酒精10g、迷迭香抗氧化劑2滴、天然萃取物5滴

精油 橙花尤加利精油1滴、茶樹精油3滴、桃金孃精油2滴

1. 先用酒精消毒要使用的器具及容器。
2. 將添加物和精油放入200ml燒杯，仔細攪拌。
3. 倒入茶樹純露和檸檬香蜂草純露，用湯匙仔細攪拌。
4. 倒入已消毒的容器中，貼上標籤即完成。

 噴灑清淨劑時，請勿直接噴灑到寶寶的肌膚。寶寶的嗅覺較敏感，因此最好慢慢增加精油的使用量。

 本書的萃取物部分建議使用DF萃取物，由於台灣不易取得，建議使用適合個人的天然植物萃取物，或是絲柏精油代替。

適用：0～2個月

各年齡的精油使用量
0～2個月 可使用1滴
3～6個月 可使用2滴
7～12個月 可使用3滴
1～2歲 可使用4滴
2～4歲 可使用5滴
5～7歲 可使用6滴

綜合草本包

乾燥草本的淡淡清香能舒緩寶寶的壓力，也能增加情趣。將草本包放在寶寶附近，草本包散發出的特有香氣可以讓寶寶放鬆。

材料

主材料 薰衣草草本30g、洋甘菊草本20g、檸檬香蜂草30g、橙皮片20g

精油 挑選你喜歡的精油

1. 先用酒精消毒要使用的器具及容器。
2. 準備一個大碗，放入乾燥草本，小心攪拌不要把草本弄碎。
3. 放入精油，攪拌均勻。
4. 將一半的草本放進布包，放在嬰兒床附近。剩下的一半放入密封袋內，下次再使用。

使用方法　寶寶的嗅覺比成人敏感，所以避免使用香味太強烈的材料。精油的部分請參考各年齡的精油參考用量（P.39），慢慢地增加用量。市售的草本有分為處理過害蟲與未處理兩種，購買時請多加留意。另外，也請留意草本的保存期限。

異位性皮膚炎寶寶的
特別照顧

異位性皮膚炎寶寶
的沐浴與按摩

洋甘菊異位性皮膚炎天然皂

此款天然皂不含任何有害物質與防腐劑，並且可以形成肌膚保護膜，異位性皮膚炎寶寶也可以安心使用。此手工皂泡沫少，保濕力比一般香皂佳，使用上感覺十分柔和。

適用：出生後即可

CP皂各年齡的精油參考用量

0～2個月 5ml
3～6個月 8ml
7～12個月 11ml
1～2歲 14ml
2～4歲 17ml
5～7歲 20ml

材料

0～2個月

氫氧化鈉溶液 洋甘菊純露169g、氫氧化鈉（純度98%）78g

基底油 特級初榨橄欖油300g、乳油木果脂200g、荷荷巴油150g

添加物 玻尿酸10g、維他命E 10g、花椰菜粉10g、洋甘菊粉10g、天然萃取物2ml

精油 薰衣草精油2ml、德國洋甘菊精油1ml

3～6個月

氫氧化鈉溶液 洋甘菊純露170g、氫氧化鈉（純度98%）78g

基底油 瓊崖海棠精油150g、荷荷巴油150g、特級初榨橄欖油150g、乳油木果脂200g

添加物 玻尿酸10g、維他命E 10g、花椰菜粉20g、洋甘菊粉20g、天然萃取物3ml

精油 薰衣草精油3ml、德國洋甘菊精油2ml

7～12個月

氫氧化鈉溶液 洋甘菊純露219g、氫氧化鈉（純度98%）101g

基底油 瓊崖海棠精油150g、大麻籽油100g、特級初榨橄欖油100g、酪梨脂100g、椰子油200g

超脂 乳油木果脂30g

添加物 玻尿酸10g、維他命E 10g、花椰菜粉30g、洋甘菊粉30g、天然萃取物3ml

精油 薰衣草精油5ml、德國洋甘菊精油3ml

1～2歲

氫氧化鈉溶液 洋甘菊純露
219g、氫氧化鈉（純度98%）
101g

基底油 瓊崖海棠精油150g、
山茶花油100g、特級初榨橄
欖油100g、酪梨脂100g、椰
子油200g

萃取物 花椰菜萃取物5g、洋
甘菊萃取物5g

超脂 乳油木果脂30g

添加物 玻尿酸10g、維他命E
10g、玻椰菜粉40g、洋甘菊
粉40g、天然萃取物6ml

精油 薰衣草精油5ml、德國洋
甘菊精油3ml

2～4歲

氫氧化鈉溶液 洋甘菊純露
216g、氫氧化鈉（純度98%）
99g

基底油 瓊崖海棠精油150g、
白芒花籽油100g、特級初榨
橄欖油100g、酪梨脂100g、
椰子油200g

萃取物 花椰菜萃取物5g、洋
甘菊萃取物5g

超脂 乳油木果脂30g

添加物 玻尿酸10g、維他命E
10g、玻椰菜粉50g、洋甘菊
粉50g、天然萃取物6ml

精油 薰衣草精油7ml、德國洋
甘菊精油4ml

5～7歲

氫氧化鈉溶液 洋甘菊純露
220g、氫氧化鈉（純度98%）
101g

基底油 瓊崖海棠精油150g、
夏威夷堅果油100g、特級
初榨橄欖油100g、酪梨脂
100g、椰子油200g

超脂 乳油木果脂30g

添加物 玻尿酸10g、維他命E
10g、花椰菜粉50g、洋甘菊
粉50g、天然萃取物6ml

精油 薰衣草精油9ml、德國洋
甘菊精油5ml

1　測量基底油的分量，倒入不鏽鋼容器內，加熱至45～55℃。

2　測量洋甘菊純露的分量，將氫氧化鈉加至洋甘菊純露中，
製成氫氧化鈉溶液。

3　加入氫氧化鈉溶液，當溫度到達45～55℃的時候，慢慢倒
入步驟1並攪拌均勻。

4　當溶液呈現濃稠狀態（Trace）之後，加入添加物和精油，
仔細攪拌均勻。

5　等溶液變得更濃稠之後，將肥皂液倒入矽膠肥皂模。

6　用保鮮膜或塑膠包覆肥皂模，再用毛巾包覆住保溫，幫助
肥皂皂化。

7　兩天後將肥皂脫模，切成你想要的大小。

8　肥皂必須保管在陰涼通風良好的地方，經過6週的乾燥、熟
成，測試pH值之後即可使用。

 使用方法 這種肥皂不易產生泡沫，建議媽媽先用雙手搓出泡沫之
後，再為孩子進行清洗。

- 步驟3有一定程度之危險性，需小心操作。
- 在肥皂模內鋪硫酸紙（烘焙紙）或塑膠，是為了方便日後容易
脫模，若使用矽膠模則可不用此步驟。
- 本書的萃取物部分建議使用DF萃取物，由於台灣不易取得，建
議使用適合個人的天然植物萃取物，或是絲柏精油代替。

MP類型洋甘菊異位性皮膚炎天然皂

適用：出生後即可

 材料

0～2個月

皂基 天然皂基500g

添加物 洋甘菊粉1g

精油 德國洋甘菊精油10滴、薰衣草精油5滴

3～6個月

皂基 天然皂基500g

添加物 洋甘菊粉1g

精油 德國洋甘菊精油15滴、薰衣草精油10滴、檀香精油5滴

7～12個月

皂基 天然皂基500g

添加物 洋甘菊粉2g

精油 德國洋甘菊精油25滴、薰衣草精油15滴、金盞花CO2精油5滴

1～2歲

皂基 天然皂基500g

添加物 洋甘菊粉2g

精油 德國洋甘菊精油30滴、薰衣草精油20滴、廣藿香精油10滴

2～4歲

皂基 天然皂基500g

添加物 洋甘菊粉3g

精油 德國洋甘菊精油40滴、薰衣草精油25滴、沒藥精油10滴

5～7歲

皂基 天然皂基500g

添加物 洋甘菊粉3g

精油 德國洋甘菊精油50滴、薰衣草精油40滴、永久花精油10滴

 (100ml為基準)

MP皂各年齡的參考用量

0～2個月 可使用3滴

3～6個月 可使用6滴

7～12個月 可使用9滴

1～2歲 可使用12滴

2～4歲 可使用15滴

5～7歲 可使用20滴

 Tip

本書的皂基部分都建議使用DF皂基，由於台灣不易取得，建議使用適合個人的天然皂基。或依此配方替代：天然皂基500g + 絲柏精油5滴。

可以代替金盞花CO2精油的是：羅馬洋甘菊精油、德國洋甘菊精油。

1　將皂基切丁後放入容器內加熱，使它完全融化，這時溫度
　　要控制在75℃以下。

2　加入精油，輕輕攪拌，使材料混合均勻。

3　小心地將肥皂液倒入模型。

4　噴灑少許酒精在肥皂上，去除肥皂泡泡。

5　等到肥皂完全凝固，即可脫模使用。

使用方法　本配方中的精油使用量是以天然皂基500g為基準的用
　　量，而左頁的「MP皂各年齡的精油參考用量」則是以天然皂基
　　100g為基準的用量。

各年齡的精油參考用量

1～2歲 金盞花CO2精油2滴、薰衣草精油
3滴

2～4歲 金盞花CO2精油3滴、薰衣草精油
5滴

5～7歲 金盞花CO2精油4滴、薰衣草精油
6滴

金盞花嬰兒洗髮精&沐浴精

此配方是洗髮與沐浴兼用的產品，性質溫醇不刺激肌膚，適合寶寶使用。另外，它傑出的保濕力讓你在沐浴後依然可以保持肌膚水嫩。一個產品就能從頭洗到腳，幫寶寶洗澡就更加得心應手。

 材料

基底 有機橄欖嬰兒洗髮精&沐浴精基底190g

添加物 迷迭香抗氧化劑2滴、天然維他命E3滴、金盞花萃取物10g、天然萃取物1滴

精油 金盞花CO2精油1滴、薰衣草精油1滴

1 先用酒精消毒要使用的器具及容器。

2 使用200ml燒杯測量有機橄欖嬰兒洗髮精&沐浴精基底的分量。

3 添加物與精油加至基底之後，用湯匙仔細攪拌。

4 倒入已消毒的容器中，貼上標籤即完成。

 使用方法 本產品不含界面活性劑，所以不易起泡。使用時不需使用太多分量，倒出約錢幣大小般的分量，充分搓揉出泡沫之後即可使用。

 本書的萃取物部分建議使用DF萃取物，由於台灣不易取得，建議使用適合個人的天然植物萃取物，或是絲柏精油代替。

可以代替金盞花CO2精油的是：羅馬洋甘菊精油、德國洋甘菊精油。

各年齡的精油參考用量

1~2歲 檀香精油7滴、德國洋甘菊精油10
滴、薰衣草精油13滴

2~4歲 檀香精油9滴、德國洋甘菊精油13
滴、薰衣草精油17滴

5~7歲 檀香精油12滴、德國洋甘菊精油
17滴、薰衣草精油23滴

德國洋甘菊異位性皮膚炎沐浴球

用有傑出鎮靜效果的白泥製成的沐浴球，並添加大麻籽脂來提高保濕力。每次洗澡時使用一顆沐浴球，一次就能享受沐浴球的香氣與功效，讓你與寶寶的洗澡時光更加愉快。

Recipe

1. 先用酒精消毒要使用的器具及容器。

2. 準備一個大碗，放入小蘇打、檸檬酸、白泥、洋甘菊粉和橄欖葉粉，仔細攪拌均勻。

3. 將大麻籽脂溶至步驟2，仔細攪拌以防結塊。

4. 加入精油、萃取物後仔細攪拌。

5. 使用噴霧器噴灑純露，接著倒入肥皂模，抓出每次使用的分量。

6. 將沐浴球放至陰涼處，等水分揮發結塊之後，用保鮮膜包覆隔絕空氣。

材料

主材料 小蘇打200g、檸檬酸100g

添加物 白泥10g、洋甘菊粉5g、橄欖葉粉5g、大麻籽脂20g、天然萃取物1滴

精油 檀香精油5滴、德國洋甘菊精油7滴、薰衣草精油8滴

噴灑用溶液 洋甘菊或薰衣草純露

使用方法 沐浴時放入熱水中使用。泡完澡之後，再用清水沖洗身體一次，並以毛巾擦乾身上的水分。

Tip 本書的萃取物部分建議使用DF萃取物，由於台灣不易取得，建議使用適合個人的天然植物萃取物，或是絲柏精油代替。

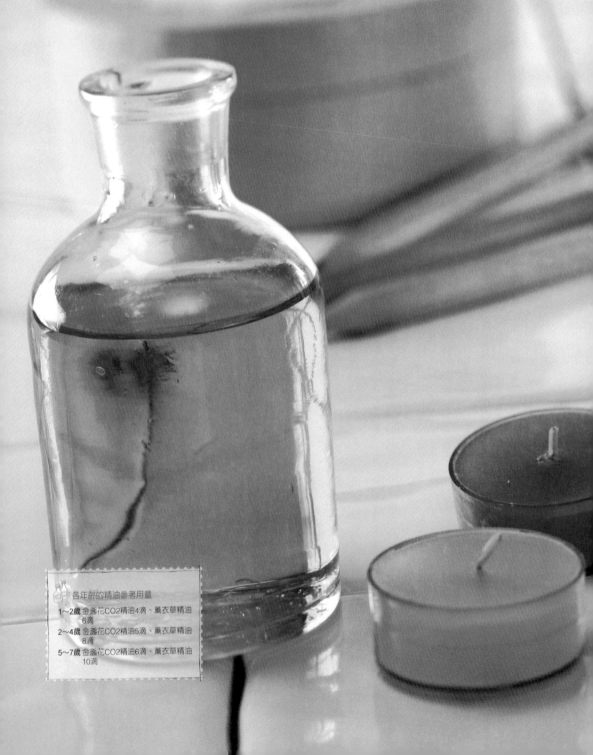

各年齡的精油參考用量

1~2歲 金盞花CO2精油4滴、薰衣草精油
6滴

2~4歲 金盞花CO2精油5滴、薰衣草精油
8滴

5~7歲 金盞花CO2精油6滴、薰衣草精油
10滴

金盞花嬰兒沐浴油

金盞花的保濕力佳，可以滋潤寶寶易乾燥的肌膚，對傷口或濕疹也有效果。洗澡時在水裡加一些由金盞花浸泡油製成的沐浴油，洗完澡後即使不擦保濕產品，肌膚依然能維持水嫩。

1 先用酒精消毒要使用的器具及容器。

2 用200ml燒杯測量金盞花浸泡油和水性橄欖油的分量。

3 放入維他命E、萃取物與精油，用湯匙仔細攪拌。

4 倒入已消毒的容器中，貼上標籤即完成。

 材料

主材料 金盞花浸泡油100g

添加物 維他命E 1g、水性橄欖油（Olivem）25g、天然萃取物1滴

精油 金盞花CO2精油3滴、薰衣草精油4滴

 幫寶寶洗澡的時候放入一匙沐浴油至浴缸，與水混合均勻後即可使用。洗完澡後，用乾淨的水沖洗一遍，再用毛巾擦乾寶寶肌膚。

Tip

● 本書的萃取物部分建議使用DF萃取物，由於台灣不易取得，建議使用適合個人的天然植物萃取物，或是絲柏精油代替。

● 可以代替金盞花CO2精油的是：羅馬洋甘菊精油、德國洋甘菊精油。

適用：3~6個月

各年齡的精油參考用量

7~12個月 薰衣草精油6滴、金盞花CO2精油12滴

1~2歲 薰衣草精油8滴、金盞花CO2精油16滴

2~4歲 薰衣草精油10滴、金盞花CO2精油20滴

5~7歲 薰衣草精油12滴、金盞花CO2精油24滴

異位性皮膚炎專用的死海浴鹽

沐浴鹽可以幫助肌膚排出身體廢棄物，所以經常使用於各種肌膚問題。而死海鹽含有豐富的礦物質與鎂，以及許多能促進皮膚代謝的成分，是問題肌膚寶寶的最佳配方。

材料

主材料 死海鹽200g

添加物 黃金荷荷巴油20g、金盞花萃取物10g、天然萃取物1滴

精油 薰衣草精油4滴、金盞花CO2精油8滴

1 先用酒精消毒要使用的器具及容器。

2 將黃金荷荷巴油與死海鹽倒入玻璃燒杯中，仔細攪拌均勻。

3 放入金盞花萃取物，用湯匙仔細攪拌，小心不要使海鹽融化。

4 放入精油，攪拌均勻。

5 倒入已消毒的容器中，貼上標籤即完成。

使用方法 溫水1公升的量約使用50g的死海浴鹽，泡澡15分鐘之後，洗去身上的浴鹽，並擦上保濕產品。

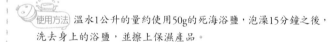

Tip
● 本書的萃取物部分建議使用DF萃取物，由於台灣不易取得，建議使用適合個人的天然植物萃取物，或是絲柏精油代替。
● 可以代替金盞花CO2精油的是：羅馬洋甘菊精油、德國洋甘菊精油。

各種精油參考用量
1~2歲 金盞花CO2精油3滴、德國洋甘菊
精油2滴
2~4歲 金盞花CO2精油3滴、德國洋甘菊
精油3滴
5~7歲 金盞花CO2精油4滴、德國洋甘菊
精油4滴

金盞花嬰兒按摩油

純植物性油中添加防止氧化的維他命E和迷迭香抗氧化劑，敏感性肌膚的寶寶也可以安心使用。此款按摩油可以提高肌膚保濕力，舒緩發癢症狀，溫柔地守護寶寶肌膚。

 材料

主材料 金盞花浸泡油50g、月見草油30g、甜杏仁油20g

添加物 維他命E 1g、迷迭香抗氧化劑2滴

精油 金盞花CO2精油3滴

Recipe

1　先用酒精消毒要使用的器具及容器。

2　用200ml燒杯測量主材料的分量。

3　放入添加物與精油，用湯匙仔細攪拌。

4　倒入已消毒的容器中，貼上標籤即完成。

 使用方法　寶寶洗完澡準備入睡之前，使用少量按摩油替寶寶按摩。使用時先將按摩油倒於掌心，等到按摩油回溫之後，再輕輕地塗抹在寶寶身上。

Tip　● 可以代替金盞花CO2精油的是：羅馬洋甘菊精油、德國洋甘菊精油。

各年齡的精油參考用量

1~2歲 金盞花CO2精油3滴、檀香精油2
滴

2~4歲 金盞花CO2精油4滴、檀香精油2
滴

5~7歲 金盞花CO2精油5滴、檀香精油3
滴

金盞花嬰兒水乳液

此配方是由金盞花浸泡油製成的清爽水乳液，它比一般乳液含有更多水分，使用上非常清爽，保濕功效良好。金盞花浸泡油可以鎮靜搔癢或龜裂的肌膚，幫助乾燥的肌膚恢復正常。

 材料

純露 檀花純露70g

基底油 金盞花浸泡油10g、杏仁脂3g

乳化劑 橄欖乳化蠟2g

添加物 水溶性甜菜鹼2g、玻尿酸1g、迷迭香抗氧化劑2滴、尿囊素1g、蘆薈膠5g、金盞花萃取物2g、天然萃取物1滴

精油 金盞花CO2精油2滴、檀香精油1滴

1. 先用酒精消毒要使用的器具及容器。
2. 使用200ml燒杯測量金盞花浸泡油和杏仁脂的分量。
3. 將乳化劑加至步驟2，使用電磁爐低溫加熱融化乳化劑。
4. 使用100ml燒杯測量檀香純露的分量，並以電磁爐加熱。
5. 當步驟3和4的溫度到達70～75℃之際，把4倒入3。（上層為油，下層為水）
6. 使用勺子或小型攪拌器往同一個方向攪拌。
7. 等到稍微濃稠之後，放入添加物和精油，繼續仔細攪拌。
8. 倒入已消毒的容器中，貼上標籤即完成。

 使用方法 此款水乳液可以使用於臉部及身體，取適量水乳液塗抹在肌膚乾燥處。使用時充分按摩，幫助肌膚吸收。

- 本書的萃取物部分建議使用DF萃取物，由於台灣不易取得，建議使用適合個人的天然植物萃取物，或是絲柏精油代替。
- 可以代替金盞花CO2精油的是：羅馬洋甘菊精油、德國洋甘菊精油。

各年齡的精油參考用量

1~2歲 薰衣草精油2滴、金盞花CO2精油
3滴

2~4歲 薰衣草精油3滴、金盞花CO2精油
3滴

5~7歲 薰衣草精油4滴、金盞花CO2精油
4滴

蘆薈天然保濕凝膠

此款配方是凝膠類型的保濕產品，蘆薈凝膠可以為寶寶的肌膚提供充足的水分。另外還添加金盞花CO2精油幫助肌膚再生，橄欖葉萃取物可以保護寶寶遠離各種細菌。

材料

主材料 黃金荷荷巴油5g、洋甘菊純露20g、蘆薈凝膠65g

萃取物 橄欖葉萃取物5g

添加物 水性橄欖油（Olivem）3g、迷迭香抗氧化劑2滴、玻尿酸3g

精油 薰衣草精油1滴、金盞花CO2精油2滴

1. 先用酒精消毒要使用的器具及容器。
2. 將水性橄欖油、迷迭香抗氧化劑、黃金荷荷巴油和精油放入200ml燒杯，仔細攪拌均勻。
3. 倒入洋甘菊純露，用湯匙攪拌均勻。
4. 放入蘆薈凝膠，仔細攪拌均勻。
5. 放入萃取物和玻尿酸，仔細攪拌均勻。
6. 倒入已消毒的容器中，貼上標籤即完成。

使用方法 在乳液或乳霜之前使用，取適量保濕凝膠輕拍肌膚幫助吸收。如果寶寶是敏感性肌膚，請先測試寶寶是否對蘆薈過敏再使用。

Tip 可以代替金盞花CO2精油的是：羅馬洋甘菊精油、德國洋甘菊精油。

各年齡的精油參考用量
1～2歲 羅馬洋甘菊精油3滴、薰衣草精油2滴
2～4歲 羅馬洋甘菊精油3滴、薰衣草精油3滴
5～7歲 羅馬洋甘菊精油4滴、薰衣草精油4滴

洋甘菊嬰兒精華霜

異位性皮膚炎會造成皮膚乾燥敏感，此精華霜可以供給肌膚水分及營養，使角質增厚的肌膚恢復柔軟。洋甘菊具有卓越的鎮靜效果，再加上蜂膠可提高免疫力，對異位性皮膚炎更有效果。

材料

主材料 蘆薈凝膠80g

基底油 乳油木果脂5g、金盞花浸泡油3g、瓊崖海棠油5g

添加物 水溶性甜菜鹼2g、玻尿酸1g、迷迭香抗氧化劑2滴、尿囊素1g、洋甘菊萃取物5g、蜂膠1g

精油 羅馬洋甘菊精油2滴、薰衣草精油1滴

1. 先用酒精消毒要使用的器具及容器。

2. 使用200ml燒杯測量乳油木果脂、金盞花浸泡油和瓊崖海棠油的分量，並且加熱。

3. 量好蘆薈凝膠的分量，然後加熱。

4. 當步驟2溫度超過60℃的時候，把2倒入3，並用矽膠勺子和小型攪拌器仔細攪拌。

5. 放入添加物與精油，並用矽膠勺子和小型攪拌器仔細攪拌。

6. 倒入已消毒的容器中，貼上標籤即完成。

使用方法 此為臉部及身體兩用的精華霜，使用時充分按摩，等肌膚吸收之後再擦上乳液或乳霜。

各年齡的精油參考用量

7～12個月 檀香精油1滴、薰衣草精油2滴
1～2歲 檀香精油2滴、薰衣草精油3滴
2～4歲 檀香精油2滴、薰衣草精油4滴
5～7歲 檀香精油3滴、薰衣草精油5滴

蘆薈嬰兒乳液

此配方使用了黃金荷荷巴油，能在肌膚上形成保護膜，防止肌膚乾燥且不造成肌膚負擔。植物性乳化劑讓敏感性肌膚安心使用，並添加提高免疫力的蜂膠，對異位性皮膚炎很有幫助。

材料

純露 洋甘菊純露50g

基底油 月見草油7g、黃金荷荷巴油5g、甜杏仁油5g

乳化劑 橄欖乳化蠟3g

添加物 水溶性甜菜鹼2g、玻尿酸5g、迷迭香抗氧化劑2滴、尿囊素1g、蘆薈膠20g、金盞花萃取物2g、蜂膠1g

精油 檀香精油1滴、薰衣草精油1滴

Recipe

1. 先用酒精消毒要使用的器具及容器。

2. 使用200ml燒杯測量月見草油、黃金荷荷巴油和甜杏仁油的分量。

3. 將乳化劑加至步驟2，使用電磁爐低溫加熱融化乳化劑。

4. 使用100ml燒杯測量洋甘菊純露的分量，並以電磁爐加熱。

5. 當步驟3和4的溫度到達70〜75℃之際，把4倒入3。（上層為油，下層為水）

6. 使用勺子和小型攪拌器往同一個方向攪拌。

7. 等到稍微濃稠之後，放入添加物和精油，繼續仔細攪拌。

8. 倒入已消毒的容器中，貼上標籤即完成。

使用方法 此款乳液可以使用於臉部及身體，取適量乳液塗抹在肌膚乾燥處。使用時充分按摩，幫助肌膚吸收。

So they sent

各年齡的精油參考用量
2～4歲 德國洋甘菊精油3滴、金盞花CO2
　　　精油3滴
5～7歲 德國洋甘菊精油4滴、金盞花CO2
　　　精油4滴

大麻籽嬰兒乳霜

大麻籽含有必需脂肪酸、Omega-3、Omega-6和礦物質等等，此乳霜對乾燥肌膚和異位性皮膚炎有很棒的效果。此配方使用植物性乳化劑，敏感性肌膚寶寶也可安心使用。

材料

純露 檀香純露60g

基底油 大麻籽油7g、黃金荷荷巴油10g、大麻籽脂10g

乳化劑 橄欖乳化蠟7g、未精製蜂蠟1g

添加物 水溶性甜菜鹼2g、玻尿酸1g、迷迭香抗氧化劑2滴、尿囊素1g、蘆薈膠10g、橄欖葉萃取物2g、蜂膠1g

精油 德國洋甘菊精油2滴、金盞花CO2精油3滴

1. 先用酒精消毒要使用的器具及容器。

2. 使用200ml燒杯測量大麻籽脂、大麻籽油和黃金荷荷巴油的分量。

3. 將乳化劑加至步驟2，使用電磁爐低溫加熱融化乳化劑。

4. 使用100ml燒杯測量檀香純露的分量，並以電磁爐加熱。

5. 當步驟3和4的溫度到達70～75℃之際，把4倒入3。（上層為油，下層為水。）

6. 使用勺子或小型攪拌器往同一個方向攪拌。

7. 等到稍微濃稠之後，放入添加物和精油，繼續仔細攪拌。

8. 倒入已消毒的容器中，貼上標籤即完成。

 使用方法 用於乾燥的臉部及身體肌膚，異位性皮膚炎症狀較嚴重的部分可以再擦一次，提高保濕效果。

Tip
- 可以代替金盞花CO2精油的是：羅馬洋甘菊精油、德國洋甘菊精油。

各年齡的精油參考用量

1~2歲 薰衣草精油2滴、天竺葵1滴、羅馬洋甘菊精油2滴

2~4歲 薰衣草精油2滴、天竺葵1滴、羅馬洋甘菊精油3滴

5~7歲 薰衣草精油3滴、天竺葵1滴、羅馬洋甘菊精油4滴

酪梨身體膏

酪梨被稱為「森林的奶油」，可以在皮膚上形成天然保護膜，保護寶寶脆弱的肌膚，防止水分流失。酪梨身體膏可以舒緩乾燥及發癢症狀，特別適合深受異位性皮膚炎所苦的寶寶們。

 材料

基底油 酪梨脂30g、黃金荷荷巴油20g、未精製酪梨油30g

天然蠟 未精製蜂蠟10g、杏桃核仁蠟5g

添加物 迷迭香抗氧化劑2滴、維他命E 3滴、天然萃取物1滴

精油 薰衣草精油1滴、天竺葵1滴、羅馬洋甘菊精油1滴

 Recipe

1. 先用酒精消毒要使用的器具及容器。

2. 使用200ml燒杯測量酪梨脂、黃金荷荷巴油和未精製酪梨油的分量。

3. 將天然蠟加至步驟2，使用電磁爐低溫加熱使它融化。

4. 當步驟3降至50℃左右，加入添加物和精油，用湯匙攪拌均勻。

5. 倒入已消毒的容器中，貼上標籤即完成。

 使用方法 嬰兒嫩膚露使用後再擦上身體膏，並且輕輕按摩幫助吸收，以舒緩異位性皮膚炎引發的乾燥症狀。

 Tip ● 本書的萃取物部分建議使用DF萃取物，由於台灣不易取得，建議使用適合個人的天然植物萃取物，或是絲柏精油代替。

chapter

2

SHEA
BUTTER

異位性皮膚炎寶寶
的生活管理

各年齡的精油參考用量

3～6個月 薰衣草精油2滴
7～12個月 薰衣草精油3滴
1～2歲 薰衣草精油5滴
2～4歲 薰衣草精油8滴
5～7歲 薰衣草精油10滴

薰衣草嬰兒嫩膚露

使用洋甘菊純露和薰衣草純露製成的嫩膚露，可以鎮靜寶寶肌膚。其中扁柏萃取物具有優秀抗菌力，可以抵抗各種細菌。2個月大的寶寶也可以將配方改成茶樹及薰衣草精油各一滴。

 材料

純露 洋甘菊純露45g、薰衣草純露50g

萃取物 扁柏萃取物5g

添加物 玻尿酸1g、水溶性甜菜鹼1g、迷迭香抗氧化劑2滴

 ReCipe

| 先用酒精消毒要使用的器具及容器。

2 將洋甘菊純露和薰衣草純露放入200ml燒杯，仔細攪拌。

3 放入萃取物和添加物並仔細攪拌。

4 倒入已消毒的容器中，貼上標籤即完成。

 使用方法 噴灑嫩膚露在乾燥肌膚上，如果寶寶不喜歡噴霧器的話，可以先倒在媽媽的手掌上，再擦在你想要的部位。

適用：**3～6**個月

各年齡的精油參考用量
7～12個月 羅馬洋甘菊精油2滴
1～2歲 羅馬洋甘菊精油3滴
2～4歲 羅馬洋甘菊精油4滴
5～7歲 羅馬洋甘菊精油5滴

黃金荷荷巴嬰兒護唇、護頰膏

此配方活用月見草油的保濕力以及黃金荷荷巴油隔離紫外線的功能，它能在短時間內讓寶寶乾燥的臉頰與唇部恢復水嫩。棒狀型的修護膏更方便使用。

 材料

基底油 月見草油15g、黃金荷荷巴油20g

天然蠟 末精製蜂蠟5g、杏仁蠟5g

添加物 迷迭香抗氧化劑1滴、維他命E 2滴

精油 羅馬洋甘菊精油1滴

 ReCipe

1. 先用酒精消毒要使用的器具及容器。
2. 使用100ml燒杯測量月見草油和黃金荷荷巴油的分量。
3. 將天然蠟加至步驟2，使用電磁爐低溫加熱使它融化。
4. 當步驟3到達50℃之後，在其中倒入添加物和精油，用湯匙仔細攪拌。
5. 倒入已消毒的容器中，貼上標籤即完成。

 使用方法 直接使用修護膏塗在寶寶肌膚，請注意不要塗抹過量。

各年齡的精油參考用量

1~2歲 德國洋甘菊精油3滴、薰衣草精油
　　　2滴

2~4歲 德國洋甘菊精油3滴、薰衣草精油
　　　3滴

5~7歲 德國洋甘菊精油4滴、薰衣草精油
　　　4滴

洋甘菊尿布疹乳霜

此配方搭配溫合的金盞花浸泡油，可以快速鎮靜發癢的部位。薰衣草精油與德國洋甘菊精油都有傑出的抗菌力，此配方也可以用於異位性皮膚炎嚴重患處。

材料

純露 洋甘菊純露55g

基底油 金盞花浸泡油10g、大麻籽脂7g、瓊崖海棠油6g、小麥胚芽油3g

乳化劑 橄欖乳化蠟7g、未精製蜂蠟1g

添加物 水溶性甜菜鹼2g、玻尿酸5g、迷迭香抗氧化劑2滴、尿囊素1g、蘆薈膠5g

精油 德國洋甘菊精油2滴、薰衣草精油1滴

1. 先用酒精消毒要使用的器具及容器。

2. 使用200ml燒杯測量金盞花浸泡油、大麻籽脂、瓊崖海棠油和小麥胚芽油的分量。

3. 將乳化劑加至步驟2，使用電磁爐加熱融化乳化劑。

4. 使用100ml燒杯測量洋甘菊純露的分量，並以電磁爐加熱。

5. 當步驟3和4的溫度到達70～75°C之際，把4倒入3。（上層為油，下層為水）

6. 使用勺子和小型攪拌器往同一個方向攪拌。

7. 等到稍微濃稠之後，放入添加物和精油，繼續仔細攪拌。

8. 倒入已消毒的容器中，貼上標籤即完成。

使用方法 先將起疹子的部位清潔乾淨，用茶樹純露稍微消毒，塗上洋甘菊尿布疹乳霜並慢慢按摩幫助肌膚吸收。

各年齡的精油參考用量

1～2歲 德國洋甘菊精油3滴、羅馬洋甘菊
精油2滴

2～4歲 德國洋甘菊精油3滴、羅馬洋甘菊
精油3滴

5～7歲 德國洋甘菊精油4滴、羅馬洋甘菊
精油4滴

瓊崖海棠修護油

對深受異位性皮膚炎之苦的寶寶們而言，瓊崖海棠修護油可以像藥一般使用。
此配方含有大量的瓊崖海棠油，具有抗炎和舒緩肌肉問題的功效。你可以與其
他產品混合在一起使用，或是直接將少量修護油擦在嚴重患處。

 材料

基底油 瓊崖海棠油40g、金
盞花浸泡油20g、小麥胚芽油
10g、月見草油20g、大麻籽
油10g

添加物 維他命E 1g、迷迭香
抗氧化劑2滴

精油 德國洋甘菊精油2滴、羅
馬洋甘菊精油1滴

1 先用酒精消毒要使用的器具及容器。

2 使用200ml燒杯測量瓊崖海棠油、金盞花浸泡油、小麥胚
芽油、月見草油和大麻籽油的分量。

3 放入添加物和精油，用湯匙攪拌均勻。

4 倒入已消毒的容器中，貼上標籤即完成。

使用方法 可以單獨使用擦在異位性皮膚炎嚴重患處，一般的寶寶
也可以將此修護油與其他產品混合在一起使用。

各年齡的精油參考用量
1～2歲 薰衣草精油6滴、德國洋甘菊精油
8滴、西洋蓍草精油6滴
2～4歲 薰衣草精油9滴、德國洋甘菊精油
12滴、西洋蓍草精油9滴
5～7歲 薰衣草精油12滴、德國洋甘菊精
油15滴、西洋蓍草精油12滴

西洋蓍草軟膏

德國洋甘菊具有優秀的抗炎、消炎功效，西洋蓍草在濕疹、過敏和異位性皮膚炎有顯著的效果。大麻籽油可以治療乾燥和受傷的部位，黃金荷荷巴油可以舒緩異位性皮膚炎造成的發癢及潰爛。

🏺 材料

基底油 山茶花油20g、大麻籽油20g、黃金荷荷巴油30g、乳油木果脂10g

天然蠟 未精製蜂蠟15g、杏仁蠟5g

添加物 迷迭香抗氧化劑2滴、維他命E 3滴

精油 薰衣草精油3滴、德國洋甘菊精油4滴、西洋蓍草精油3滴

1　先用酒精消毒要使用的器具及容器。

2　使用200ml燒杯測量山茶花油、大麻籽油、黃金荷荷巴油和乳油木果脂的分量。

3　將天然蠟加至步驟2，使用電磁爐低溫加熱。

4　當步驟3降至50℃左右，放入添加物和精油，用湯匙攪拌均勻。

5　倒入已消毒的容器中，貼上標籤即完成。

使用方法　先幫寶寶肌膚補充水分，再擦上薄薄一層軟膏。如果軟膏塗太厚的話，可能會阻塞毛孔，使用時請多加注意。塗抹軟膏之前先用茶樹純露消毒，效果更佳。

各年齡的精油參考用量

1~2歲 羅馬洋甘菊精油4滴、檀香精油1滴

2~4歲 羅馬洋甘菊精油4滴、檀香精油2滴

5~7歲 羅馬洋甘菊精油5滴、檀香精油3滴

羅馬洋甘菊濕紙巾

患有異位性皮膚炎的寶寶，如果使用錯誤的濕紙巾，發炎症狀會越來越嚴重。越是敏感肌膚的寶寶越該使用天然成分製成的產品。此配方以安定肌膚的洋甘菊為主要材料，異位性皮膚炎寶寶也可以安心使用。

 材料

主材料 洋甘菊純露85g、有機棉（或是醫療用脫脂棉、壓縮脫脂棉）

添加物 水性橄欖油（Olivem）3滴、迷迭香抗氧化劑2滴、尿囊素1g、蘆薈膠5g、橄欖葉萃取物2g、玻尿酸10g

精油 羅馬洋甘菊精油2滴、檀香精油1滴

1. 先用酒精消毒要使用的器具及容器。

2. 將水性橄欖油、迷迭香抗氧化劑和精油放入200ml燒杯，攪拌均勻。

3. 量好洋甘菊純露的分量，倒入步驟2並仔細攪拌。

4. 放入剩餘的添加物，使用小型攪拌器仔細攪拌。

5. 將有機棉裁成一次使用的大小。

6. 使用容器消毒之後，放入有機棉（脫脂棉），將步驟4成品倒入使有機棉充分吸收。

7. 冷藏保管或是放在陰涼處。

 使用方法 當寶寶有尿布疹或是無法洗澡的時候使用。請勿製作太多分量，一次製作2-3天分量為佳。請盡可能地放至冰箱保管使用。

 Tip
　　水性橄欖油的用量必須和精油相同。

各年齡的精油參考用量

1～2歲 薰衣草精油2滴、羅馬洋甘菊精油
3滴

2～4歲 薰衣草精油3滴、羅馬洋甘菊精油
5滴

5～7歲 薰衣草精油4滴、羅馬洋甘菊精油
6滴

洋甘菊嬰兒爽身粉

洋甘菊粉、白泥和玉米澱粉製成的植物性嬰兒粉，幫助寶寶保持肌膚乾爽。此嬰兒粉不含石棉等有害成分，有異位性皮膚炎的寶寶也可以安心使用。

材料

主材料 白泥50g、玉米澱粉50g

添加物 洋甘菊粉1g

精油 薰衣草精油1滴、羅馬洋甘菊精油2滴

1. 先用酒精消毒要使用的器具及容器。
2. 準備一個大碗，放入洋甘菊粉，仔細磨碎。
3. 把白泥和玉米澱粉放入步驟2，充分研磨。
4. 加入精油並仔細研磨避免結塊，研磨完成後再攪拌幾次。
5. 倒入已消毒的容器中，貼上標籤即完成。

使用方法 使用尿布疹乳霜之後，輕輕灑上嬰兒粉即可。如果寶寶很容易出汗，腋下、脖子、腳趾之間也可以灑上些許嬰兒粉。

適用：3~6個月

各年齡的精油參考用量
7~12個月 可加3滴在臉部&身體產品中
1~2歲 可加4滴在臉部&身體產品中
2~4歲 可加6滴在臉部&身體產品中
5~7歲 可加8滴在臉部&身體產品中

異位性皮膚炎混合精華油

當寶寶患有異位性皮膚炎的時候，將此精華油混合到天然產品中可以使效果加倍。此配方是薰衣草、德國洋甘菊、羅馬洋甘菊和金盞花CO2精油混合而成的精華油，適合加在所有乳液或乳霜中使用。

1 先用酒精消毒要使用的器具及容器。

2 使用滴管量好每種精油的分量，倒入容器中。

3 蓋上蓋子，充分搖晃使精油混合均勻。

材料

精油 薰衣草精油3ml、德國洋甘菊精油3ml、羅馬洋甘菊精油3ml、金盞花CO2精油1ml

使用方法 當你把混合精華油加入寶寶護膚產品內的時候，一定要遵守各年齡的參考用量。這款混合精華油可以加在所有臉部&身體護膚產品中。

> **Tip**
> ● 混合精華油需按照各年齡的參考用量，稀釋在乳液或基本護膚產品中使用。
> ● 可以代替金盞花CO2精油的是：羅馬洋甘菊精油、德國洋甘菊精油。

各年齡的精油參考用量

3～6個月 德國甘菊精油1滴、羅馬洋甘菊
精油1滴、薰衣草精油8滴

7～12個月 德國甘菊精油3滴、羅馬洋甘
菊精油3滴、薰衣草精油24滴

1～2歲 德國甘菊精油5滴、羅馬洋甘菊精
油5滴、薰衣草精油40滴

2～4歲 德國甘菊精油8滴、羅馬洋甘菊精
油8滴、薰衣草精油64滴

5～7歲 德國甘菊精油10滴、羅馬洋甘菊
精油10滴、薰衣草精油80滴

異位性皮膚炎混合純露

此配方是由植物的水溶性成分和少許精油成分製成的純露，是製作天然產品時不可或缺的材料之一。不過此款純露本身就能有效管理肌膚，若是和其他產品搭配得當，更能增加其功效。

 材料

主材料 薰衣草純露200ml、洋甘菊純露400ml、橙花純露400ml

1 先用酒精消毒要使用的器具及容器。

2 量好每種純露的分量，倒入容器中。

3 蓋上蓋子，充分搖晃使之均勻。

 使用方法 將純露放入噴霧容器中，可以隨時為寶寶的肌膚保濕，也可當作洗手液。如果寶寶異位性皮膚炎很嚴重的話，也可以把純露倒入洗澡水中。

 Tip 混合純露本身就有良好的保養作用，不須額外添加精油。如果要加精油使用，請先將精油與水性橄欖油等量混合後再加入純露中。精油用量請參考左頁。

各年齡的精油參考用量

0~2個月 薰衣草精油1ml
3~6個月 薰衣草精油2ml
7~12個月 薰衣草精油3ml
1~2歲 薰衣草精油4ml
2~4歲 薰衣草精油5ml
5~7歲 薰衣草精油6ml

異位性皮膚炎混合草本包

使用薰衣草、洋甘菊和馬郁蘭做成的草本包，請依照各年齡的精油參考用量添加精油。草本包散發出的淡淡香氣可以舒緩寶寶的心情，安定神經。

 材料
主材料 薰衣草乾燥花50g、洋甘菊乾燥花50g、馬郁蘭20g

Recipe

1 先用酒精消毒要使用的器具及容器。

2 把配方中的草本放入大碗，與精油混合均勻。

3 把混合好的草本放入布包。

 使用方法 把草本包放在嬰兒床附近，能夠減輕寶寶壓力。請參考各年齡的精油參考用量慢慢增加精油量。

Tip
● 使用草本包可以不使用精油，如果草本本身的香味變淡的話，依照各年齡的精油參考用量來添加精油。

讓寶寶遠離
異位性皮膚炎
的清潔產品

FARMER
nature

 各年齡的精油參考用量
3~6個月 茶樹精油2ml
7~12個月 茶樹精油3ml
1~2歲 茶樹精油4ml
2~4歲 茶樹精油5ml
5~7歲 茶樹精油6ml

高濃縮抗菌清潔劑

只需5分鐘，就能將皂基變成全新的清潔劑。只要將你喜歡的精油加上嬰兒用天然液體皂基中就可完成。精油可以按照你喜歡的香味或是想要的功效來選擇。

Recipe

 材料
皂基 嬰兒用液體皂基500ml
精油 茶樹精油1ml

1 將嬰兒用液體皂基倒入容器，加入精油。

2 蓋上蓋子，充分搖晃使之混合均勻。

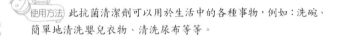 使用方法 此抗菌清潔劑可以用於生活中的各種事物，例如：洗碗、簡單地清洗嬰兒衣物、清洗尿布等等。

各年齡的精油參考用量
3～6個月 茶樹精油20滴
7～12個月 茶樹精油25滴
1～2歲 茶樹精油30滴
2～4歲 茶樹精油35滴
5～7歲 茶樹精油40滴

柔和抗菌清潔劑

這款柔和抗菌清潔劑是將液體皂基稀釋到蒸餾水中，可以用於打掃或清洗生活用品。隨時擦拭打掃寶寶可碰觸到的物品及家裡四周，幫寶寶製造一個乾淨舒適的生活環境。添加精油時，一定要使用有機或嬰兒專用產品。

1 將嬰兒用液體皂基和精油倒入蒸餾水中。

2 蓋上蓋子，充分搖晃使之混合均勻。

 使用方法 你可以用來擦拭寶寶的玩具、沙發和牆壁。

材料

稀釋液 蒸餾水或軟水（淨水器水）150ml

皂基 嬰兒用液體皂基或有機高濃縮液體肥皂100ml

精油 茶樹精油15滴、天然萃取物5滴

 Tip 本書的萃取物部分建議使用DF萃取物，由於台灣不易取得，建議使用適合個人的天然植物萃取物，或是絲柏精油代替。

各年齡的精油參考用量

3～6個月 薰衣草精油20ml、尤加利樹精
油15ml、天然萃取物7ml

7～12個月 薰衣草精油25ml、尤加利樹精
油15ml、天然萃取物8ml

1～2歲 薰衣草精油25ml、尤加利樹精油
20ml、天然萃取物9ml

2～4歲 薰衣草精油30ml、尤加利樹精油
20ml、天然萃取物10ml

5～7歲 薰衣草精油30ml、尤加利樹精油
25ml、天然萃取物11ml

環保橄欖皂

試著使用有機油製作固體肥皂吧！固體清潔劑是製作肥皂的基本，它比其他類型更容易保管，且使用方便，此款肥皂可以用來清洗寶寶衣物或尿布。

材料

氫氧化鈉溶液 蒸餾水705g、氫氧化鈉（純度98%）324g

基底油 椰子油800g、棕櫚油700g、橄欖油500g

添加物 保鮮劑

精油 薰衣草精油20ml、尤加利樹精油10ml、天然萃取物5ml

1. 按照配方量好基底油的分量後，倒入不鏽鋼容器內，加熱至45～55℃。

2. 量好氫氧化鈉和蒸餾水的分量，把氫氧化鈉加至蒸餾水中，製成氫氧化鈉溶液。

3. 氫氧化鈉溶液加熱至45～55℃之後，慢慢倒入步驟1中，混合均勻。

4. 當溶液呈現濃稠狀態（Trace）之後，加入添加物和精油，仔細攪拌均勻。

5. 等溶液變得更濃稠之後，將硫酸紙或塑膠鋪在肥皂模內，倒入肥皂液。

6. 用保鮮膜或塑膠包覆肥皂模，再用毛巾包覆住保溫，幫助肥皂皂化。

7. 兩天後將肥皂脫模，切成你想要的大小。

8. 肥皂必須保管在陰涼通風良好的地方，經過6週的乾燥、熟成之後，測試pH值之後即可使用。

● 步驟3有一定程度之危險性，需小心操作。

● 在肥皂模內鋪硫酸紙（烘焙紙）或塑膠，是為了方便日後容易脫模，若使用矽膠模則可不用此步驟。

● 本書的萃取物部分建議使用DF萃取物，由於台灣不易取得，建議使用適合個人的天然植物萃取物，或是絲柏精油代替。

各年齡的精油參考用量

3～6個月 尤加利樹精油15ml、薰衣草精
油20ml、天然萃取物7ml

7～12個月 尤加利樹精油20ml、薰衣草精
油20ml、天然萃取物8ml

1～2歲 尤加利樹精油20ml、薰衣草精油
25ml、天然萃取物9ml

2～4歲 尤加利樹精油25ml、薰衣草精油
25ml、天然萃取物10ml

5～7歲 尤加利樹精油25ml、薰衣草精油
30ml、天然萃取物11ml

有機抗菌液體皂

此配方是設計用來清洗寶寶衣物或飾品的環保液體肥皂，好清洗不易殘留，不傷寶寶肌膚。擦拭寶寶玩具、家具或牆壁的時候，將液體肥皂稀釋在蒸餾水中使用。

 材料

氫氧化鈉溶液 蒸餾水469g、氫氧化鉀469g

基底油 椰子油800g、棕櫚油700g、大豆油500g

砂糖溶液 砂糖180g、砂糖水1080g（液體肥皂稀釋用的蒸餾水是肥皂膏的50%用量）

添加物 保鮮劑、色素

精油 尤加利樹精油15ml、薰衣草精油15ml、天然萃取物5ml

1 將蒸餾水煮沸，倒入砂糖。等砂糖溶化後，密封保管。

2 把氫氧化鉀加至蒸餾水中，使它溶化製成溶液。

3 椰子油和棕櫚油等基底油加熱至75～80℃。

4 把步驟3倒入2的氫氧化鉀溶液，攪拌使它呈現濃稠狀態。

5 將步驟1的砂糖溶液加熱至70～80℃，倒入4的肥皂液。

6 一天過後，用中火加熱肥皂液，倒入蒸餾水稀釋。倒入蒸餾水的時候，先倒入半杯咖啡杯的量，攪拌均勻之後再慢慢調整濃度。

7 使用pH試紙測試酸鹼度，確認酸鹼值在9以下。如果酸鹼值超過10的話，則需倒入中和劑來中和。

8 放入精油、保鮮劑、色素等添加物。

9 將完成的液態肥皂裝入漂亮的容器。

 本書的萃取物部分建議使用DF萃取物，由於台灣不易取得，建議使用適合個人的天然植物萃取物，或是絲柏精油代替。

各年齡的精油參考用量

3～6個月 尤加利樹精油10滴、天然萃取物2滴

7～12個月 尤加利樹精油14滴、天然萃取物3滴

1～2歲 尤加利樹精油20滴、天然萃取物4滴

2～4歲 尤加利樹精油25滴、天然萃取物5滴

5～7歲 尤加利樹精油30滴、天然萃取物6滴

芬多精抗菌清淨噴霧

有了寶寶之後，除了打掃家裡之外，連空氣也要注意才行。除了經常保持空氣流通之外，也可以用草本和芬多精來淨化空氣。此清淨噴霧可以用在家裡各處、家具和玩具等用品。

1. 將所有材料全部放入容器內，攪拌均勻。
2. 裝進噴霧器內，噴灑在家具或玩具等。

 材料

純露 洋甘菊純露100ml
萃取物 芬多精萃取物3ml
精油 尤加利樹精油6滴、天然萃取物1滴

 本書的萃取物部分建議使用DF萃取物，由於台灣不易取得，建議使用適合個人的天然植物萃取物，或是絲柏精油代替。

2009
July

抗菌浴缸清潔劑

幫寶寶洗澡時，最重要的就是環境衛生。特別是浴缸容易被髒水及肥皂水污染，必須隨時擦拭乾淨並在太陽底下曬乾。清洗浴缸的時候，可以將碳酸氫納加在嬰兒用清潔劑中，幫助你更容易去除髒污。

Recipe

1. 碳酸氫納和嬰兒用清潔劑以1：1的比例調和。
2. 倒入天然萃取物，混合均勻。
3. 裝進噴霧器內使用。

 材料

主材料 碳酸氫納、嬰兒用清潔劑

添加物 天然萃取物3滴

 Tip

● 浴缸清潔劑不需使用精油，故無另外標示。

● 本書的萃取物部分建議使用DF萃取物，由於台灣不易取得，建議使用適合個人的天然植物萃取物，或是絲柏精油代替。

各年齡的精油參考用量

3～6個月 薰衣草精油2ml、佛手柑精油1ml、
茶樹精油1ml、檸檬草精油1ml、
尤加利樹精油1ml、天然萃取物2ml

7～12個月 薰衣草精油3ml、佛手柑精油1ml、
茶樹精油2ml、檸檬草精油1ml、
尤加利樹精油1ml、天然萃取物3ml

13～24個月 薰衣草精油4ml、佛手柑精油1ml、
茶樹精油2ml、檸檬草精油1ml、尤
加利樹精油1ml、天然萃取物4ml

2～4歲 薰衣草精油5ml、佛手柑精油1ml、
茶樹精油3ml、檸檬草精油1ml、尤
加利樹精油2ml、天然萃取物5ml

5～7歲 薰衣草精油6ml、佛手柑精油1ml、
茶樹精油3ml、檸檬草精油1ml、尤
加利樹精油3ml、天然萃取物6ml

有機天然嬰兒清潔劑

有機天然嬰兒清潔劑是添加許多抗菌力強的精油，不會刺激肌膚，守護寶寶的環境。寶寶的衣服若有洗衣精殘留，有可能造成異位性皮膚炎更嚴重。所以，請盡可能使用天然產品。

 材料

皂基 有機天然液體皂基1L

精油 薰衣草精油1ml、茶樹精油1ml、檸檬草精油1ml、尤加利樹精油1ml、天然萃取物1ml

1 先用酒精消毒要使用的器具及容器。

2 把有機天然液體皂基倒入玻璃燒杯。

3 放入精油並攪拌均勻。

4 倒入已消毒的容器中，貼上標籤即完成。

使用方法 有機天然液體皂基不含界面活性劑，不易起泡。清洗1kg的衣物時，有機天然嬰兒清潔劑的用量約為10ml。

 本書的萃取物部分建議使用DF萃取物，由於台灣不易取得，建議使用適合個人的天然植物萃取物，或是絲柏精油代替。

小蘇打天然漂白劑

寶寶的衣物容易沾上食物或是口水，光靠一般的洗衣精很難洗乾淨。但是漂白劑內含螢光劑，對寶寶脆弱的肌膚是一大威脅。這種時候自製的小蘇打天然漂白劑就派上用場了！

 先用酒精消毒要使用的器具及容器。

2 把重碳酸鈉和過碳酸鈉倒入玻璃燒杯，攪拌均勻。

3 倒入已消毒的容器中，貼上標籤即完成。

材料

主材料 重碳酸鈉（天然小蘇打）200g、過碳酸鈉100g

 使用方法 洗衣服時放入和洗衣精相同的分量。清洗1kg的衣物，用量約為10ml。

● 天然漂白劑不需使用精油，故無另外標示。

適用：0～2個月

各年齡的精油參考用量
3～6個月 天然萃取物10滴
7～12個月 天然萃取物15滴
1～2歲 天然萃取物20滴
2～4歲 天然萃取物25滴
5～7歲 天然萃取物30滴

尿布用天然抗菌漂淨液

尿布對寶寶而言是不可或缺的物品，但也對寶寶肌膚造成很大的危害。因此我們應該盡可能地選用可重複使用的棉質尿布，並用抗菌清潔劑及漂淨液清洗，讓寶寶的臀部隨時處於乾淨且乾爽的狀態。

Recipe

1. 把尿布浸泡在臉盆中。
2. 倒入食醋與天然萃取物。
3. 浸泡半天之後，再使用抗菌洗衣精清洗乾淨。

材料
主材料 食醋1/2杯
精油 天然萃取物3～4滴

Tip 本書的萃取物部分建議使用DF萃取物，由於台灣不易取得，建議使用適合個人的天然植物萃取物，或是絲柏精油代替。

No 2443

各年齡的精油參考用量

3～6個月 天然萃取物10滴
7～12個月 天然萃取物15滴
1～2歲 天然萃取物20滴
2～4歲 天然萃取物25滴
5～7歲 天然萃取物30滴

天然玩具清潔劑

用一般清潔劑清洗寶寶的玩具的時候，總是會有許多泡沫，清洗時既麻煩也費時。特別是像是積木這類多角度的小型玩具，清洗時更加麻煩。這種時候，只要使用玩具專用的清潔劑，即可輕鬆達到你要的效果。

 材料

主材料 重碳酸鈉（天然小蘇打）1/2杯

精油 天然萃取物3～4滴

1 把重碳酸鈉倒入臉盆，使之溶於水。

2 倒入3～4滴天然萃取物。

3 放入玩具，輕輕地攪拌。

4 用流動的水將玩具沖洗乾淨。

 Tip ● 本書的萃取物部分建議使用DF萃取物，由於台灣不易取得，建議使用適合個人的天然植物萃取物，或是絲柏精油代替。

原木家具清潔&亮光劑

寶寶的衣櫃、扶著走路的櫃子和椅子等，最好使用天然清潔劑擦拭。此配方所製成的原木家具清潔劑不但能使家具乾淨，更能散發出自然的光澤，並且具有抗菌效果。

1 將重碳酸鈉倒入碗中，倒入事先做好的抗菌清潔劑與橄欖油，攪拌均勻。

2 將兩杯水倒入步驟1，仔細攪拌均勻。

 材料

主材料 重碳酸鈉（天然小蘇打）1/2杯、水2杯

添加物 抗菌清潔劑10滴、橄欖油10滴

 ● 原木家具清潔&亮光劑不需使用精油，故無另外標示。

守護寶寶
免疫力的
空氣清淨劑

各年齡的精油參考用量

3～6個月 薰衣草精油2滴、羅馬洋甘菊8滴

7～12個月 薰衣草精油4滴、羅馬洋甘菊10滴

1～2歲 薰衣草精油6滴、羅馬洋甘菊14滴

2～4歲 薰衣草精油8滴、羅馬洋甘菊17滴

5～7歲 薰衣草精油10滴、羅馬洋甘菊20滴

空氣舒緩芬芳液

我們平時使用的空氣芳香劑有可能刺激到寶寶肌膚，特別是家中有異位性皮膚炎寶寶的家庭，最好使用天然素材製成的空氣芳香劑。薰衣草精油可以安定神經，幫助寶寶入眠。

1 將準備好的材料全部倒入容器中，攪拌均勻。
2 裝入噴霧器內，噴灑在家裡四周。

材料

純露 薰衣草純露100g

添加物 芬多精萃取物1ml

精油 薰衣草精油1滴、羅馬洋甘菊精油5滴

滴用：隨時

天然草本芳香劑

你可以買一把薰衣草或洋甘菊乾燥草本，掛在寶寶的房間內。特別是薰衣草香能夠安定神經、紓解壓力，而且薰衣草本身色澤美麗，是裝飾家裡的好選擇。

🔖 材料
薰衣草或洋甘菊乾燥草本一把

1. 購買一把薰衣草或洋甘菊乾燥草本，用緞帶綁好，掛在寶寶房間窗簾旁邊。
2. 如果沒有可以掛草本芳香劑的合適處，也可以將草本插在花瓶內。

使用方法 草本芳香劑依照空間大小使用量可隨意調整，不需另外加精油。如果堅持要使用精油，1～2小時添加3～4滴即可。

適用：隨時

使用薰香器的綜合芳香療法

薰香器是享受芳療的最簡便方法。把你想要的精油混合之後，滴幾滴在薰香器上方，淡淡的精油芳香漸漸融入空氣中，達到芳療效果。

 材料

精油 薰衣草精油3ml、茶樹精油1ml、羅馬洋甘菊精油10滴

1 將準備好的精油全部放進容器內，混合均勻。

2 滴3～4滴混合精油到薰香器內，使它發出芬芳。

 使用方法 3～4滴精油的量約可使用1～2小時。

各年齡的精油參考用量

3～6個月 天然萃取物7滴
7～12個月 天然萃取物14滴
1～2歲 天然萃取物20滴
2～4歲 天然萃取物25滴
5～7歲 天然萃取物30滴

天然抗菌空氣清淨劑

此配方使用抗菌效果佳的茶樹、香蜂草和桃金孃等精油為原料，當抗菌空氣清淨劑接觸到空氣之後，能夠降低細菌污染的程度。當你日曬寶寶衣物或棉被的時候，噴灑抗菌空氣清淨劑會更有效果。

1 先用酒精消毒要使用的器具及容器。

2 將酒精、迷迭香抗氧化劑和天然萃取物倒入玻璃燒杯，混合均勻。

3 倒入茶樹純露和桃金孃純露，用湯匙攪拌均勻。

4 倒入已消毒的容器中，貼上標籤即完成。

材料

純露 茶樹純露70g、桃金孃純露20g
添加物 酒精10g、迷迭香抗氧化劑2滴
精油 天然萃取物6滴

使用方法 噴灑清淨劑時，請勿直接噴灑到寶寶的肌膚。寶寶的嗅覺較敏感，因此最好慢慢增加精油使用量。

 Tip 本書的萃取物部分建議使用DF萃取物，由於台灣不易取得，建議使用適合個人的天然植物萃取物，或是絲柏精油代替。

各年齡的精油參考用量

3～6個月 薰衣草精油4ml
7～12個月 薰衣草精油5ml
1～2歲 薰衣草精油6ml
2～4歲 薰衣草精油7ml
5～7歲 薰衣草精油8ml

薰衣草蜂蠟蠟燭

幫寶寶洗澡的時候，使用蠟燭幫寶寶營造舒適放鬆的氣氛，可以幫助解除寶寶的壓力。因為燭火所營造出的陰暗溫暖環境，就如同媽媽腹中的環境。最好的配方為使用蜂蠟或堪地里拉蠟，再加上薰衣草精油。

材料

主材料 未精製蜂蠟500g、蠟燭芯

精油 薰衣草精油3ml

1 將未精製蜂蠟放入不鏽鋼燒杯中，放至電磁爐上方加熱。

2 將薰衣草精油倒入步驟1。

3 將蠟燭芯放至蠟燭專用杯中央。

4 將步驟2慢慢地倒入3。

5 等待蠟燭完全凝固。

使用方法 蠟燭請勿放在寶寶或媽媽身邊，以策安全。

適用：0～2個月

各年齡的精油參考用量

3～6個月 香茅精油7ml
7～12個月 香茅精油11ml
1～2歲 香茅精油15ml
2～4歲 香茅精油20ml
5～7歲 香茅精油25ml

天然香茅驅蟲劑

我們通常會使用防蚊液來避免寶寶被蚊子叮咬，但是防蚊液通常都含有大量農藥成分，如果不慎選防蚊液，反而會對寶寶造成傷害。特別是患有異位性皮膚炎等皮膚疾病的寶寶，更需要使用天然素材製成的驅蟲劑。

1 滴3～4滴香茅精油到薰香器內。

2 放至寶寶房內，待它發出薰香。

材料

精油 香茅精油3滴

適用：0～2個月

各年齡的精油參考用量

3～6個月 檸檬草精油7滴、肉桂葉精油6滴、香茅精油7滴

7～12個月 檸檬草精油9滴、肉桂葉精油9滴、香茅精油10滴

1～2歲 檸檬草精油13滴、肉桂葉精油13滴、香茅精油14滴

2～4歲 檸檬草精油17滴、肉桂葉精油16滴、香茅精油17滴

5～7歲 檸檬草精油20滴、肉桂葉精油20滴、香茅精油20滴

茶樹驅蟲噴霧

此配方使用具有驅蟲效果的精油與茶樹純露。當夏季蚊蟲漸多之時，使用此配方來幫助寶寶遠離蟲害吧！此配方為噴霧型態，使用上非常方便。

材料

純露 茶樹純露200g（或是蒸餾水200g）

添加物 水性橄欖油（Olivem）8ml、酒精30g、迷迭香抗氧化劑2滴

精油 檸檬草精油4滴、肉桂葉精油4滴、香茅精油4滴

1 先用酒精消毒要使用的器具及容器。

2 將水性橄欖油、酒精和迷迭香抗氧化劑倒入玻璃燒杯，混合均勻。

3 將茶樹純露或是蒸餾水倒入步驟2，用湯匙攪拌均勻。

4 倒入已消毒的容器中，貼上標籤即完成。

使用方法 將茶樹驅蟲噴霧噴灑在寶寶四周。噴灑時請注意不要直接碰觸到寶寶肌膚。

各種症狀的
芳香療法

* 〈各種症狀的芳香療法〉是遵循長久以來的民間療法與臨床效果所得出的配方，但是這些配方並非藥物，因此對每個寶寶的效果會有些微差異。

* 芳香療法是除了醫院之外，可以在家中進行的附加療法，請根據寶寶的狀態，遵照專業人員的建議使用。

各種症狀
的芳香療法

對於寶寶經常出現的輕微症狀或小疾病最有效果，使用天然植物成分，不會造成副作用。其中最具代表性的就是芳香精油。讓我們來了解寶寶需要哪種精油，我們又該如何有效使用吧！

BASIC LESSON
6種簡易的芳香療法

1. 濕布

利用溫度差的芳香療法，分為溫濕布和冷濕布兩種。溫濕布可促進一時的血液循環，舒緩肌肉痠痛、外傷、腹痛、咳嗽等等。冷濕布主要用於扭傷、浮腫、發燒、皮膚發炎、搔癢等等。

①在適當的容器內裝好冷水或溫水。

②倒入5滴左右的精油。（請參考年齡使用量）

③毛巾放入②，充分浸濕之後，扭乾毛巾。（不會滴水的程度即可）

④把毛巾敷在需要的部位，毛巾溫度若改變，重複②～④的步驟。

2. 吸入法

吸入法主要用於呼吸器官或精神方面的問題,是最普遍的芳香療法。吸入法分為乾式吸入和蒸氣吸入兩種。乾式吸入法是將1～2滴精油滴在紗質手帕上方,在不碰到肌膚的情況下吸入精油香氣,它是最簡單的芳香療法。蒸氣吸入法是將1～2滴精油加在熱水中,再吸入精油香氣,當鼻子阻塞或喉嚨痛時使用最有效果。蒸氣吸入法可能會導致氣喘加重,若是有氣喘症狀,請勿使用此方法。精神疲勞、不安、緊張、咳嗽、鼻塞等問題都適合使用吸入法。

3. 薰香

薰香和吸入法一樣主要用於呼吸器官或精神方面的問題,因為會散發出淡淡香氣,所以也可單純用於薰香的目的。薰香分為電子薰香器和電子蠟燭兩種,兩者皆需以水量調整薰香時間,使用時請注意安全。使用薰香時,請按照空間大小調整薰香器數量。如果房間很大,只用一個薰香器的話,難以發揮精油的功效。薰香法適合用於失眠、不安、緊張、憂鬱症、情緒不穩等精神方面的問題。

4. 泡澡

肌膚與嗅覺能同時感受到水與精油的優點,依照水溫和精油種類不同,使用範圍相當廣。可使用於各種肌膚問題、精神及肉體疲勞。

不過精油無法溶於水,所以要使用分散劑。牛奶、蜂蜜、酒精、食醋等等都是天然的分散劑,先將精油與分散劑混合,再倒入水中。一杯牛

奶或酒精搭配3滴精油，每一匙蜂蜜或食醋搭配2滴精油。此外，泡澡時間請勿超過20分鐘。

5. 按摩

　　按摩與泡澡效果一樣，肌膚可以有效吸收精油，嗅覺也可充分感受精油的功效。按摩可以消除身體的緊張以及幫助精神放鬆。此時的精油並非使用原液，而是與植物油混合做成按摩油。一般成人的情況，稀釋比例為臉1%，身體3%。小孩或老人的稀釋比例為成人的1/2，幼兒的稀釋比例為成人的1/4。新生兒的情況則是稀釋至0.1%左右，或是盡可能不使用精油。

　　── 精油容量測量方式：精油1ml＝20滴

6. 肌膚管理D.I.Y

　　直接使用天然材料製作收斂水、乳液、乳霜、軟膏、香皂等產品，主要使用於改善肌膚疾病。這些產品只有天然材料，不含化學物質，十分安全。軟膏是最常被使用的產品，它可以使用在傷口、蚊蟲咬傷、異位性皮膚炎等較能痊癒的部位。除此之外，可提高保濕力的噴霧或泡澡劑也是推薦產品。

各種症狀的芳香療法

痱子

嬰幼兒的肌膚比成人更容易長痱子，一旦長出痱子就很難痊癒。幫寶寶洗完澡之後，要鎮靜肌膚並保持肌膚乾爽。如果肌膚有潰爛的情況，薰衣草精油和洋甘菊精油是鎮靜肌膚的最佳選擇。如果肌膚容易出很多汗的話，建議使用絲柏精油。

● 泡澡

將分散後的精油加入溫水，攪拌均勻之後泡澡15～20分鐘。也可以用死海鹽和精油製成浴鹽使用。

☘ 推薦複合精油＿薰衣草精油2滴、德國洋甘菊精油2滴

☘ 可使用的精油＿薰衣草精油、羅馬洋甘菊精油、德國洋甘菊精油、絲柏精油

☘ 分散劑＿牛奶、蜂蜜、食醋、酒精等不會引起寶寶過敏反應的材料，或者使用市售的分散劑

● 純露濕布

不使用精油，改以純露做成濕布。先將純露加熱至微溫，以手帕沾濕，擦拭寶寶身體。如果使用精油的話，以0.1%的比例稀釋於溫水。

☘ 純露＿洋甘菊純露500ml～1L

☘ 可使用的純露＿洋甘菊、薰衣草、絲柏

✎ 紗質手帕2條

● 舒緩霜

將精油以外的材料全放入玻璃燒杯中，融化之後放入精油，使之凝固。
凝固之後即可使用。

✎ 推薦配方__德國洋甘菊2滴、薰衣草2滴、黃金荷荷巴油27g、月見草油15g、
　　未精製蜂蠟8g

✎ 可使用的精油__薰衣草精油、羅馬洋甘菊精油、德國洋甘菊精油、絲柏精油

發疹

　　發疹的原因眾多，寶寶如果發疹，一定要找出其症狀及原因。發疹
若是由小斑點開始，然後快速擴大發疹範圍的情況，就代表皮膚以下出
血，需要立即前往醫院接受專業治療。但是，如果只是單純的發疹，在
家也可以舒緩其症狀。

● 泡澡

洗澡水中加入重碳酸鹽蘇打與小蘇打各加1匙，仔細攪拌之後再加入1滴
德國洋甘菊精油與1滴薰衣草精油，便可給寶寶泡澡。

✎ 可使用的精油__羅馬洋甘菊精油、德國洋甘菊精油、薰衣草精油、永久花
　　精油、綠花白千層精油、尤加利精油

其他處理方式 保持肌膚涼爽，讓寶寶無法抓發疹部位。

注意事項 寶寶如果發燒、發疹情況日趨嚴重或是發疹部位擴大的話，應接受專業治療。

新生兒發疹

50%的新生兒會發疹，當寶寶在適應子宮以外的環境、皮膚接觸到空氣時的反應、皮膚接觸到衣服的過程等等，就會出現發疹反應。這時不該使用精油。如果寶寶皮膚過於乾燥，可以塗抹少量有機純橄欖油。天氣溫暖之時，請盡可能地讓寶寶肌膚曝露在空氣之中。

● 身體油

有機純橄欖油混入一滴德國洋甘菊精油，極少量地塗抹在寶寶肌膚。

● 花水乳液

薰衣草花水1/4盎司與洋甘菊花水1/4盎司混合，再將1/4的混合花水倒入乾淨的溫水，並放入少許鹽。以小塊海綿沾取花水輕拍發疹部位，再用手輕拍。

🐦 可使用的精油：德國洋甘菊精油

注意事項 如果不確定發疹原因，或是14小時內沒有好轉的話，請帶寶寶就醫。

嘴唇疱疹

唇疱疹是由單純疱疹病毒引起，一旦患上疱疹相同的部位就會反覆發作。當寶寶緊張、健康狀態轉弱、營養不足、天氣炎熱、感冒、流感、水痘、麻疹等病毒性感染時，唇疱疹也會變得嚴重。水疱出現之前，周

圍如果出現刺痛的症狀，請先作好萬全準備。水疱出現之後，請勿用手觸碰水疱。手觸碰水疱之後，若再碰觸其他部位可能會造成感染。

● 唇疱疹軟膏

出現唇疱疹的徵兆或是已經長出唇疱疹時使用，只可以給2歲以上的幼兒使用。以棉花棒沾取少量軟膏擦在發疹處。

🌿 金盞花浸泡油20g、乳油木果脂30g和未精製蜂蠟5g放至玻璃燒杯，使用電磁爐使之融化。稍微冷卻之後，放入維他命E1g、精油（薰衣草15滴、德國洋甘菊5滴、茶樹10滴），仔細攪拌之後裝入已消毒的容器中，貼上標籤

🌿 可使用的精油：香蜂草精油、薰衣草精油、茶樹精油、檸檬精油、天竺葵精油、松紅梅精油、沈香醇百里香精油、德國洋甘菊精油

其他處理方式 準備1盎司的凡士林，加入松紅梅精油、沈香醇百里香精油、德國洋甘菊精油各8滴，仔細攪拌之後使用。

注意事項 發燒的時候、出現水泡或化膿感染的時候，或是水泡呈現紅腫疼痛的時候，請至醫院就診。如果唇疱疹反覆復發的話，請諮詢醫生的建議。

唇疱疹的預防方式

- 出現疱疹的時候，請勿與家人共用沐浴巾、沐浴球、杯子和餐具等等。
- 每天更換寢具，可以防止感染擴大。
- 天氣炎熱容易加重唇疱疹，請做好隔離紫外線的準備。

膿瘡

　　膿瘡是由細菌引起的皮膚感染，任何年齡的孩子都可能發生。膿瘡的部位必須盡可能地保持乾淨，並經常消毒。如果膿瘡的膿流不出來的話，代表感染更嚴重。這時請用瀉鹽或海鹽稀釋而成的水擦拭該部位。

● 膿瘡複合精油

準備一個小容器，裝入熱水，滴入薰衣草精油2滴、茶樹精油2滴（若發炎症狀嚴重的話，追加洋甘菊精油1滴），仔細攪拌均勻之後清洗膿瘡部位。

● 促使膿流出

在2品脫（470ml）的清水中加入1茶匙瀉鹽、1茶匙海鹽、薰衣草精油2滴、茶樹精油2滴、沈香醇百里香精油1滴，攪拌均勻之後將膿瘡部位浸泡在水中。如果膿瘡的部位無法浸泡至水中，請盡可能地經常以此複合水清洗。

如果想要清除膿的話，請用熱水調配。調配好之後，用天然紗布浸濕，擰乾之後敷在膿瘡部位，等紗布冷卻之後再重複剛剛的作法。如此反覆3次之後，在紗布滴上1滴薰衣草精油和1滴檸檬精油，再將紗布敷在膿瘡部位。

🐚 可使用的精油：薰衣草精油、茶樹精油、松紅梅精油、檸檬精油、沈香醇百里香精油、尤加利樹精油

其他處理方式 請勿刻意弄破膿瘡，請用乾淨紗布覆蓋膿瘡以避免感染，並經常消毒該部位。

如果寶寶的臀部出現膿瘡，請經常更換尿布，並盡可能地讓肌膚暴露在空氣中。

注意事項 如果膿瘡周圍出現細長紅線並朝向心臟方向的話，這代表感染隨著血管移動到身體其他部位，請立刻帶寶寶就醫。

頭痛

頭痛的原因眾多，過勞、壓力、牙痛、腹痛、耳朵疼痛、感冒、流感等等，都可能造成頭痛。另外，高血壓、感染、疾病、頭部受傷等等更嚴重的情況也可能引發頭痛，所以必須確實了解頭痛的原因。如果只是單純的頭痛，可以經由幾個簡單的處置來舒緩頭痛。

● 花水濕布

讓寶寶躺臥，餵給溫水，並用薰衣草花水濕布或是薄荷花水濕布敷在寶寶額頭上。

● 頭痛複合精油

混合薰衣草精油10滴、德國洋甘菊精油4滴、尤加利精油10滴。

以油脂按摩：準備1匙蔬菜油，加入3滴頭痛複合精油，混合均勻後，用於按摩寶寶的脖子及上背部。也可以用手指沾取油脂，輕輕按摩太陽穴。

薰香：在薰香器上方滴入4滴頭痛複合精油。

可使用的精油：薰衣草精油、洋甘菊精油、尤加利精油、檸檬精油、苦橙葉精油、荳蔻精油、桃金孃精油、綠花白千層精油

其他處理方式 新鮮空氣可改善頭痛症狀，寶寶若是因頭痛在接受藥物治療，也可以使用頭痛複合精油。

注意事項 如果脖子痠痛、疼痛、僵硬、肌肉痠痛、關節痛等，或者寶寶對亮光敏感、發燒且嘔吐的話，請立即就醫。

感冒

出現感冒症狀、流鼻水、喉嚨發炎的時候，可以使用芳香療法。請按照寶寶年齡及嗅覺調整精油用量。流鼻水和喉嚨發炎症狀嚴重的時候，使用吸入法會更好。如果有咳嗽症狀，請避免使用吸入法。此方法也可以用來預防感冒。

● 薰香

在寶寶主要的生活空間使用精油芳療，使用薰香時請放在遠處，請勿讓寶寶直接聞到薰香。精油使用量請按照寶寶年齡調整。

推薦複合精油：茶樹精油1滴、尤加利精油2滴

可使用的精油：薰衣草精油、茶樹精油、尤加利精油、桃金孃精油、馬鬱蘭精油、絲柏精油、檸檬精油、綠花白千層精油

● 按摩

使用按摩油幫寶寶輕輕按摩全身或背部。

推薦精油：薰衣草精油1滴、尤加利精油1滴、黃金荷荷巴油100ml

可使用的精油：薰衣草精油、茶樹精油、尤加利精油、馬鬱蘭精油、絲柏精油、快樂鼠尾草精油

將1滴精油滴入熱水中，使之吸入，或是將精油滴在紗質手帕上，使之吸入香味。因為是讓寶寶直接聞取芳香，所以一滴精油也恐香味過強，請依照寶寶的年齡，滴入精油之後，等待10～20秒再讓寶寶吸入。

🌿 推薦精油＿尤加利精油1滴

🌿 可使用的精油＿薰衣草精油、茶樹精油、尤加利精油

其他處理方式 請將感冒的寶寶安置在溫暖舒適的環境，並保持空氣流通，讓寶寶呼吸新鮮空氣，並且讓寶寶攝取大量的水分。

注意事項 未滿1歲的寶寶若有咳嗽，都必須就醫。1歲以上的寶寶如果咳嗽持續24小時以上、微燒、發燒或是呼吸困難的話，請帶寶寶就醫。

咽喉炎

咽喉發炎大多是病毒或細菌引起，如果想知道寶寶是否得了咽喉炎，可測量寶寶體溫，是否出現喉嚨發腫、口水吞嚥困難的症狀。另外，可用湯匙輕壓舌頭，確認喉嚨是否發炎、紅腫。感冒、流感、喉頭炎、流行性腮腺炎、腎炎、猩紅熱等等都可能出現咽喉炎症狀，此時應該就醫接受治療。

● 舒緩咽喉炎的飲料

4盎司的熱水中放入1匙蜂蜜、2匙食用花水、1個檸檬汁和1滴檸檬精油，仔細攪拌均勻。然後用未漂白的咖啡濾紙過濾飲料，等待飲料變涼之後，再慢慢給寶寶飲用。如果寶寶未滿3歲，飲料請勿放檸檬精油。

● 有益喉嚨的精油

茶樹精油4滴、檸檬精油2滴、羅文莎葉精油5滴、沈香醇百里香精油4滴和松紅梅精油5滴（或是追加茶樹精油）攪拌均勻，可使用少量擦拭在脖子部位。

可使用的精油：茶樹精油、羅馬洋甘菊精油、沈香醇百里香精油、羅文莎葉精油、永久花精油、松紅梅精油、生薑精油、尤加利精油、白千層精油、天竺葵精油

其他處理方式 寶寶若罹患咽喉炎，請盡量避免外出，隨時補充水分。可以讓寶寶吃點冰淇淋或果汁製成的冰塊等等，可以舒緩喉嚨疼痛。

注意事項 若寶寶口中或喉嚨內出現白點，或發燒、發疹、頭痛、刺痛，請帶寶寶就醫。

嘔吐

嘔吐嚴重的時候可能會造成脫水，嬰幼兒容易嘔吐食物，如果經常發生嘔吐也不需太過擔心。然而，無論什麼年齡的孩子，如果出現噴射般的嘔吐，還是要注意。噴射般的嘔吐是肌肉不正常所引起，請盡快帶寶寶就醫。

● 嘔吐複合精油

相同分量的薰衣草精油和羅馬洋甘菊精油混合在一起。

● 濕布

準備一盆溫水或微溫水，倒入薰衣草精油和羅馬洋甘菊精油各2滴，攪

拌均勻。 使用乾淨的布浸濕後擰乾，叫寶寶閉上眼睛後，把布敷在額頭。此方法只可給2歲以上的孩子使用。

● 吸入法

相同分量的薰衣草和羅馬洋甘菊精油混合在一起，滴1滴在乾淨的布上，把布靠近寶寶的鼻子，讓寶寶吸取芳香。另外也可滴1滴混合精油在肚臍下方。

🌿 可使用的精油：生薑精油、薄荷精油、綠薄荷精油、薰衣草精油

> **其他處理方式** 當寶寶嘔吐時請勿阻止，應扶住寶寶的額頭，以保護寶寶的安全。等寶寶吐完之後，用溫水擦乾淨臉部，並在額頭敷上濕布。嘔吐後1小時內請勿進食，只須餵給少量溫水即可。
>
> **注意事項** 胃痙攣、發高燒、頭痛、咳嗽或是持續嘔吐5小時，請立即就醫。

嬰兒腹絞痛

深夜時分，寶寶突然痛苦難耐、嚎啕大哭，這是所謂的嬰兒腹絞痛。嬰兒腹絞痛的原因眾多，餵食母乳的母親所攝取的食物，小孩吃的食物，小孩打嗝的方式都可能引起嬰兒腹絞痛。此時按摩腹部可以幫助舒緩疼痛。寶寶喝完牛奶、打完嗝之後，順時針方向畫圓按摩腹部5~10分鐘。也可讓寶寶趴在溫熱的毛巾上，按摩背部。

● 按摩油

芫荽精油5滴、白荳蔻精油3滴和蒔蘿精油2滴攪拌均勻後放入瓶中，每

當有需要時，準備1/2茶匙甜杏仁油及1滴混合精油，攪拌均勻製成按摩油。使用時，只需使用一半用量。

● 沐浴

準備甜杏仁油1茶匙、薰衣草精油1滴、白荳蔻精油1滴，混合之後取1/4茶匙的分量倒入洗澡水。用手輕輕攪拌水面上的複合油，幫寶寶按摩。請注意勿讓洗澡水碰到臉部及眼睛。

✿可使用的精油：白荳蔻、蒔蘿、芫荽

注意事項 寶寶出生4個月之後，若還發生嬰兒腹絞痛，請就醫諮詢專業建議。

嬰兒腹絞痛預防方法
● 媽媽若哺育母乳，請盡量少吃碳酸飲料、咖啡因、速食產品、洋蔥、大蒜、高麗菜以及辛辣食物。

便祕

按摩腹部可以舒緩便祕，一天按摩兩次。在寶寶睡醒時規則性地使用複合性精油順時針按摩最有效果。

● 按摩

使用按摩油輕柔地按摩寶寶全身，或是按摩寶寶腹部。

✿推薦的複合按摩油：馬鬱蘭精油1滴、橘子精油1滴、黃金荷荷巴油100ml

✿可使用的精油：薰衣草精油、馬鬱蘭精油、橘子精油、羅馬洋甘菊精油、德國洋甘菊精油

腹痛

寶寶沒有理由地腹痛，或是消化不良的話，可以順時針方向輕輕按摩腹部。另外，使用薰香營造舒適的氣氛會更有幫助。

● 薰香

在寶寶主要的生活空間使用精油芳療，使用薰香時請放在遠處，請勿讓寶寶直接聞到薰香。薰香器內的水全部蒸發完畢之後，請重新加入新的精油。

🌿 推薦的複合精油：薰衣草精油1滴、柑橘精油1滴

🌿 可使用的精油：薰衣草精油、快樂鼠尾草精油、馬鬱蘭精油、羅馬洋甘菊精油、柑橘精油、橘子精油

● 按摩

使用按摩油輕柔地按摩寶寶全身，或是按摩寶寶腹部。

🌿 推薦的複合按摩油：薰衣草精油1滴、羅馬洋甘菊精油1滴、黃金荷荷巴油100ml

🌿 可使用的精油：薰衣草精油、羅馬洋甘菊精油、柑橘精油、橘子精油、馬鬱蘭精油

長乳牙

寶寶長牙時會發癢，經常咬著手指，此時要特別注意手與周邊環境的清潔，並且舒緩長牙的不適。此時可用純露擦拭手與嘴唇四周，敷上涼

濕布，最後使用按摩油按摩會更有效果。

● 純露濕布

此方法不使用精油，只使用純露。先將純露放涼之後，以乾淨的手帕沾取純露，擦拭寶寶嘴唇四周。

❧純露：洋甘菊純露500ml～1L

❧可使用的純露：洋甘菊純露、薰衣草純露

❧紗質手帕兩條

● 按摩

使用按摩油輕柔地按摩寶寶嘴唇四周。

❧推薦的複合按摩油：羅馬洋甘菊精油2滴、黃金荷荷巴油100ml

❧可使用的精油：薰衣草精油、羅馬洋甘菊精油

其他處理方式 幫寶寶準備柔軟涼爽的食物，如優格或冰淇淋。乳牙玩具也可以幫忙改善不適。

牙痛

當牙齒腐爛、牙齦發炎、咬堅硬的食物或是牙齒受傷的時候，就會發生牙痛。如果不是蛀牙或牙齦疾病引起的牙痛的話，可以在家使用簡單的治療舒緩疼痛。

● 按摩

蔬菜油1茶匙、丁香精油1滴、永久花精油1滴和德國洋甘菊精油3滴混合

均勻，取少量按摩油，沿著下巴線條按摩。

● 溼布

準備一個小容器，倒入1盎司的水（按照寶寶喜好，倒入溫水或冷水），
滴入2滴羅馬洋甘菊精油。以手帕沾濕後，敷在疼痛處。

● 漱口與輕揉

漱口只能用於5歲以上的寶寶。如果口內發炎，可用伏特加或白蘭地等
酒類一茶匙，溫水一點心匙，沒藥精油二滴仔細混合均勻，製成之後滴
一滴到一茶匙清水中，用棉花沾取輕揉牙齦周圍。如果牙齦有潰瘍症
狀，可再加入一滴沈香醇百里香精油。

可使用的精油：羅馬洋甘菊精油、德國洋甘菊精油、丁香精油、永久花精
油、檸檬精油、沒藥精油

其他處理方式 使用冰涼面膜或清涼濕布來消腫，有時以溫熱濕布舒緩疼痛。另外也可以使用
熱毛巾或裝有熱水的寶特瓶敷在疼痛處。

注意事項 如果牙齒腐爛或其他問題，請至牙科就疹。

打嗝

溫差大或是寶寶受驚訝時就會打嗝，一般來說打嗝很快會停止。若長
時間持續打嗝或是寶寶很不舒服的話，可以按摩或使用薰香法來緩和。

● 薰香

在寶寶主要的生活空間使用精油芳療，使用薰香時請放在遠處，請勿讓寶寶直接聞到薰香。

🌿 推薦的複合精油：薰衣草精油1滴、柑橘精油1滴

🌿 可使用的精油：薰衣草精油、羅馬洋甘菊精油、柑橘精油

● 按摩

使用按摩油輕柔地按摩寶寶胸部。

🌿 推薦的複合按摩油：薰衣草精油2滴、黃金荷荷巴油100ml

🌿 可使用的精油：薰衣草精油、羅馬洋甘菊精油、柑橘精油

曬傷

太陽光過度刺激造成皮膚發紅，此時需要幫皮膚降溫，鎮靜皮膚。你可以使用清爽的濕布，或是洗澡來降溫，並使用護膚產品鎮靜皮膚。

● 沐浴

將已分散的精油滴入微溫水，攪拌均勻之後泡澡15~20分鐘。也可以使用死海鹽和精油製成沐浴鹽。

🌿 推薦的複合精油：薰衣草精油2滴、羅馬洋甘菊精油2滴

🌿 可使用的精油：薰衣草精油、羅馬洋甘菊精油

🌿 分散劑：牛奶、蜂蜜、食醋、酒精等不會引起寶寶過敏反應的材料，或者使用市售的分散劑。

● 純露滋布

此方法不使用精油，只使用純露。先將純露加熱至微溫，以乾淨的手帕沾取純露，擦拭寶寶身體。如果要使用精油，請以0.1%比例稀釋在微溫水中後使用。

🌿 純露：洋甘菊純露500ml～1L

🌿 可使用的純露：洋甘菊純露、薰衣草純露

🌿 紗質手帕2條

● 嬰兒鎮靜凝膠

將材料放入玻璃燒杯，充分攪拌均勻後使用。

🌿 推薦的複合凝膠：薰衣草精油2滴、羅馬洋甘菊精油2滴、黃金荷荷巴油5g、

　薰衣草純露5g、蘆薈凝膠40g

🌿 可使用的精油：薰衣草精油、羅馬洋甘菊精油

注意事項 如果皮膚非常疼痛、長水泡或有灼熱感，請盡快就醫。若寶寶頭痛、發燒、口渴並且身體發抖的話，請立即就醫。

曬傷預防方法

日照強的日子，擦上防曬產品，穿戴隔離紫外線的帽子、衣服，使用洋傘。如果沒有防護，請盡量避免出門。

- 6個月以下的寶寶不能使用防曬產品。
- 陽光強烈的上午11點～午後2點請盡量少出門。
- 隨時幫寶寶補充水分。
- 長時間曬太陽之後，請使用防曬專用乳液或凝膠，鎮靜肌膚。

乾癬

手肘或膝蓋出現細小皮膚碎屑，漸漸擴大至全身或產生較大的皮屑。乾癬的原因可能是感染、皮膚傷口、壓力等等，冬天陽光日照少，症狀會更加嚴重。乾癬可能是遺傳至家人，請確認家人是否有花粉熱或氣喘的疾病。

● 沐浴

甜杏仁油1茶匙，加入薰衣草精油1滴、佛手柑精油1滴、天竺葵精油1滴和羅馬洋甘菊精油1滴，混合均勻。寶寶入沐之前，將製好的複合油一半的分量倒入水中。

● 護膚油

準備芝麻油1盎司、特級初榨橄欖油1盎司、紅蘿蔔油25滴、琉璃苣種籽油5滴、天竺葵精油3滴，混合均勻。將護膚油少量塗抹在乾癬患處。

金盞花浸泡油1盎司、佛手柑精油4滴和羅馬洋甘菊精油3滴，混合均勻製成的護膚油也可以擦在皮膚乾燥脫屑部位。

可使用的精油：德國洋甘菊精油、羅馬洋甘菊精油、薰衣草精油、佛手柑精油、穗甘松精油、大馬士革玫瑰精油

其他處理方式 麵粉製食品、食品添加物、食用色素、速食食品等都會使乾癬惡化，所有家人都應該盡量少吃外食，並多攝取蔬菜。

頭皮脂漏性皮膚炎

皮脂線過度分泌，在頭皮形成皮屑。特別是小孩多汗，要特別保持頭皮乾燥、清爽。請勿強行摳除皮屑或是大力按摩。

● 純油

使用冷壓萃取的有機甜杏仁油或是葵花籽油輕輕按摩頭皮發炎處，每次的用量不用太多。

● 芳香療法

酪梨油1/2盎司、荷荷巴油1/2盎司、茶樹精油1滴、橘子精油1滴和檸檬精油1滴，仔細混合均勻。使用少量複合油按摩頭皮發炎處，再以純淨洗髮精洗淨。此時請注意勿讓複合油或洗髮精流入寶寶眼睛。

可使用的精油：茶樹精油、天竺葵精油、檸檬精油、橘子精油

注意事項 有頭皮屑的頭皮也可能出現濕疹、白斑、牛皮癬等病症。頭皮屑症狀若持續2~3週以上，或是轉變為紅色，亦或頭皮、眉毛、耳朵以外的部位也出現症狀的話，請前去就醫。

蚊蟲咬傷

蚊蟲咬傷後12～24小時內會出現過敏反應，請注意被咬處是否漸漸腫起、發紅、起疹子，若寶寶疼痛、呼吸困難、發嘔、頭痛，請立即帶寶寶就醫。大部分的昆蟲咬傷都可以用德國洋甘菊精油與薰衣草精油各5滴調合製成濕布來緩和症狀。

● 蚊子

薰衣草精油可有效驅逐蚊子。你可以把薰衣草精油滴在衣服、鞋子上，睡前在枕頭或旁邊的小桌子放上薰衣草薰香。此外，檸檬草精油、香茅精油、檸檬尤加利精油等等，都可以幫助驅逐蚊子。

被蚊子叮咬之後，可滴1滴純薰衣草精油於被叮咬處。如果被叮咬處甚多，可以準備1杯蘋果醋（或是兩顆檸檬榨成汁），加入薰衣草精油10滴和沈香醇百里香5滴，混合均勻之後倒入寶寶洗澡水中。寶寶洗完澡之後，輕輕擦上純薰衣草精油於被叮咬處。

● 螞蟻

塗抹少量複合精油（酒精1茶匙、薰衣草精油3滴、德國洋甘菊精油2滴）在被咬傷處，24小時內擦3次。

如果被黑螞蟻咬傷，請立即帶去就醫，在就醫途中，請每5分鐘擦一次10滴薰衣草精油。

● 庞蚊及飛蟲

準備蘋果醋（或是檸檬汁）1茶匙、沈香醇百里香3滴和薰衣草花水（或是純露）1匙，混合均勻後使用。或是直接塗抹純薰衣草精油於被咬傷處。

● 蜜蜂螫傷

準備冰涼的蘋果醋，滴入少許德國洋甘菊精油，以紗質手帕沾濕，敷在

被螫傷處約2個小時。之後的2天，以1天3次的方式，塗抹1滴純德國洋甘菊精油。

● 馬蜂螫傷

蘋果醋或葡萄酒醋1茶匙、薰衣草精油2滴和德國洋甘菊精油2滴，混合均勻後1天擦3次於馬蜂螫傷處。

睡眠障礙

寶寶難以入眠或是容易醒來的話，可以使用精油芳療來改善。促進睡眠的精油芳療可選擇溫和、令人放鬆的香味。

● 薰香

在寶寶主要的生活空間使用精油芳療，使用薰香時請放在遠處，請勿讓寶寶直接聞到薰香。精油使用量請按照寶寶年齡調整。
✿推薦複合精油：薰衣草精油1滴、柑橘精油1滴、馬鬱蘭精油1滴
✿可使用的精油：薰衣草精油、馬鬱蘭精油、羅馬洋甘菊精油、柑橘精油、橘子精油

● 按摩

在寶寶睡前使用按摩油按摩寶寶全身肌膚。
✿推薦複合按摩油：薰衣草精油1滴、羅馬洋甘菊精油1滴、黃金荷荷芭油100ml
✿可使用的精油：薰衣草精油、羅馬洋甘菊精油、柑橘精油、橘子精油、馬鬱蘭精油

● 泡澡

將分散後的精油加入溫水，攪拌均勻之後泡澡15～20分鐘。也可以用死
海鹽和精油製成浴鹽使用。

🐾 推薦複合精油：薰衣草精油2滴、橘子精油2滴

🐾 可使用的精油：薰衣草精油、羅馬洋甘菊精油、柑橘精油、橘子精油

🐾 分散劑：牛奶、蜂蜜、食醋、酒精等不會引起寶寶過敏反應的材料，或者
使用市售的分散劑。

日本銷售第一的
芳香療法聖經

和田文緒◎著　　定價：350元

本書特色

- 日本銷售第一，突破100000冊以上，日本目前最暢銷的精油芳療書！

- 全彩圖解示範按摩手法，簡簡單單學會芳療祕訣。

- 53種精油、19種基底油的詳細介紹，挑選專屬你的香氣！

- 收錄99種獨家精油配方，調製市面上買不到的精油薰香！

- 為讀者打造99種身體症狀分門別類的自療導覽，實行芳療有效改善身體不適。

- 亞洲重量級芳療專家・肯園負責人溫佑君、美國認證香藥草專家・迷迭香花園執行長郭姿均推薦

- 入門者或專業芳療師都覺得實用！

- 全家人的芳香療法保健術，學習調製精油照顧全家人一輩子！

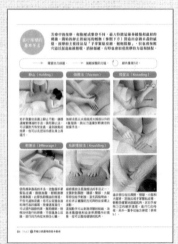

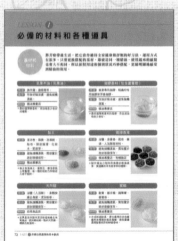

跟著四季作芳療

效果Up10倍

林瑜芬◎著　定價：300元

本書特色

★ 精選40種季節精油＋身體症狀＋配方產品，讓你手上的精油能用對時機！

每一篇都有簡單易懂的精油指南：精油源起、效用、個案體驗分享、獨家精油配方產品、配方小常識、DIY步驟，並貼心附上調合的替代材料。

★ 15招瑜珈運動＋精油DIY產品，打擊脂肪瘦更快！

將精油產品抹在身上，透過穴道按摩讓精油能量深入皮膚與肌肉，搭配舒展身心的瑜珈，與難纏的肥肉說拜拜吧。

★ 提升人氣？！10個為職場、戀愛、婚姻加分的精油提案

自我人格九型芳香基因學（上）（下）、創意加分靈氣香水、好心情舒壓香膏、人氣加分滋養乳液、舒壓沐浴液態皂、魅力滿分隨身油、感情加溫隨身油、靜心冥想保濕噴霧、青春活力按摩乳液。

★ 精選12種新手必備精油，不用買一堆也能搭配出日常最需要36種用法

2種必備精油互相搭配，創造出36種最需要的用法─身體保健×12、情緒保養×16、居家香氣×8。

史上最強！
精油配方大全

小泉美樹◎著　定價：300 元
三上杏平、山本竜隆◎監修

333 種一輩子都好用的完美配方大公開，啟動戀愛、工作、身心、美麗能量，調出專屬的幸福香氣！

本書特色

★ **333 種精油配方**
專業芳療師，結合醫學專家一同打造私藏精油配方，自己調配專屬精油，安心又有效！

★ **針對 52 種身心靈症狀及需求**
為忙碌現代人量身打造的精油處方簽，打開本書，一定能找到你及家人需要的配方。

★ **特別收錄戰鬥 & 戀愛配方**
適合上班族、小資女，調配出為工作、愛情加油打氣的精油魔法！

★ **基礎、活用一次滿足**
50 種精油介紹、29 種精油 DIY 製品、10 種精油按摩技法，無論精油新手、老手都實用。

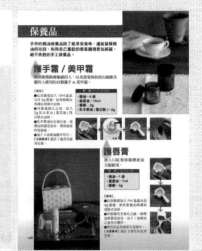

情緒療癒
芳香療法聖經

色映美穗◎著　定價：350 元

精油香氣可以穿透內心，觸碰靈魂深處的自己。
透過芳香療法的撫慰，我也逐漸擺脫負面情緒。

本書特色

★【找到專屬精油】：結合色彩心理測驗及
精油解析，讓每個人都能順利找到適合自
己的個人精油。

★【利用精油療癒情緒】：提供 176 種針對
不同煩惱的香氣配方，最完整的情緒對策。

★【認識自己】：和一般靈性彩油不同，作
者使用脈輪理論和色彩心理學的心理測驗
探索你自己，讓你了解表相的自己、潛意
識的自己，以及個人的人格特質。

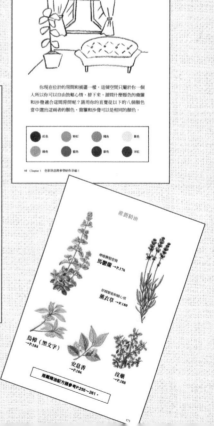

國家圖書館出版品預行編目 (CIP) 資料

寶寶專用天然手工皂 & 保養品大全：0-7 歲嬰幼兒肌膚
(含敏感型)的全方位保養配方 / 安美賢著；張珮婕翻譯.
-- 初版. -- 新北市：大樹林，2015.08
　面；　公分. -- (自然生活；13)
ISBN 978-986-6005-45-9(平裝)
1. 肥皂
466.4　　　　　　　　　　　　104011879

Natural Life 自然生活 13

寶寶專用天然手工皂 & 保養品大全

作　　者 / 安美賢

編　　輯 / 盧化茵

翻　　譯 / 張珮婕

校　　對 / 曾瓊儀

封面設計 / April

排　　版 / 陽明電腦排版股份有限公司

出 版 者 / 大樹林出版社

地　　址 / 新北市中和區中正路 872 號 6 樓之 2

電　　話 / (02) 2222-7270

傳　　真 / (02) 2222-1270

網　　站 / www.guidebook.com.tw

E - m a i l / notime.chung@msa.hinet.net

發 行 人 / 彭文富

劃　　撥 / 戶名：大樹林出版社‧帳號： 18746459

總 經 銷 / 知遠文化事業有限公司

地　　址 / 新北市深坑區北深路 3 段 155 巷 25 號 5 樓

電　　話： (02) 2664-8800‧傳真： (02) 2664-8801

數位 2 刷 / 2019 年 5 月

定價：380 元　　　　ISBN / 978-986-6005-45-9

寶寶專用天然手工皂 &
保養品大全

讀者專用回函
Natural Life 自然生活

您真誠的建議，讓我們可以做得更好！
進而把更多豐富的資訊傳遞給所有讀者。

讀者資料～

姓　　名：＿＿＿＿＿＿＿＿　性　　別：□男 □女

出生日期：＿＿＿ 年＿＿＿月＿＿＿日

教育程度：□研究所 (含以上) □大專　□高中職　□國中　□國小 (含以下)

職　　業：□商　□工　□學生 □公家機關　□自由業　□其他＿＿＿＿＿＿

通訊地址：□□□ ＿＿＿＿＿＿＿＿＿＿＿＿＿＿＿＿＿＿＿＿＿＿

聯絡電話：＿＿＿＿＿＿＿＿＿＿＿＿　E-mail：＿＿＿＿＿＿＿＿＿＿

書籍資訊～

1. 您在何處購得本書？

　　□金石堂 (金石堂網路書店)　□誠品　□博客來　□ TAZZA 讀冊生活

　　□ iRead 灰熊愛讀書　□其他：

2. 您購得本書的日期？ ＿＿＿ 年 ＿＿＿ 月 ＿＿＿日

3. 您如何獲得本書相關訊息？

　　□逛書店　□親友介紹　□廣播　□廣告 DM　□網路資訊　□其他：

4. 您購買本書的原因？

　　□喜歡作者　□對內容感興趣　□封面設計吸引人

5. 您對本書的內容評價？

　　□豐富　□普通　□應再加強　□很失望

6. 您對本書的設計評價？

　　□都很好 □封面吸引人，內頁編排有待加強　□封面不夠吸引，內頁編排很不錯

　　□封面及內頁編排都有待加強

7. 您對精油芳療的認識程度？

　　□很陌生　□學習新手　□資深人士　□認證師

對本書及出版社意見～

1. 您希望本社為您出版那些類別的書籍？ (可複選)

　　□醫療保健　□美容保養　□占卜命理　□餐飲美食　□精緻手工藝

　　□女性生活　□彩妝沙龍　□其他：

2. 您的寶貴建議：

大樹林出版社

大樹林出版社
BIG FOREST PUBLISHING CO., LTD.

23557 新北市中和區中正路 872 號 6 樓之 2
讀者服務電話：(02)2222-7270
讀者服務傳真：(02)2222-1270
郵撥帳號：18746459　戶名：大樹林出版社

★填妥資料後請寄回 (免貼郵資)，即可成為大樹林會員，不定期收到 E-mail 新書快訊及優惠活動！

請沿此虛線剪下　對折黏貼寄回謝謝！

大樹林出版社

大樹林出版社